Sewing Lesson

Sewing Lesson

Sewing Lesson

Sewing Lesson

Sewing Lesson

4 款版型作出 16 種變化

輕鬆學手作服設計課

隨書附贈含縫份紙型 · 全部作品共 6 種尺寸

序言
縫紉一定要學的基本款式，如上衣、裙子、褲子、連身裙⋯⋯
書中附上詳細的過程圖片，首先從上衣紙型開始製作吧！
完成之後再來挑戰其他作品。
另外關於部分縫，像是口袋或是拉鍊等，
也有詳細的解說，只要了解其中技巧就可以漂亮縫製。
製作服裝真的很有趣，我想我這一輩子都會一直挑戰下去！
香田 あおい

Contents

基礎的基礎

工具

〈最重要的工具〉

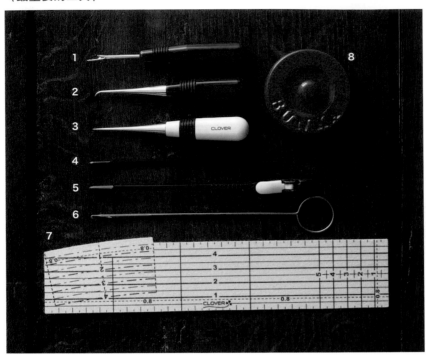

❶拆線器：拆除縫線、開釦眼。❷弧錐子：邊角回針縫、拆線。❸錐子：縫製時輔助布料順利縫製。❹穿帶器：針對柔軟素材，穿過1.5cm以下的鬆緊帶或繩子。❺夾式穿帶器：夾住1.5cm以上鬆緊帶或繩子，輔助穿過。❻返裡針：鉤住細長布條翻至正面。❼縫份燙尺：熨燙出均等的寬度褶線。❽紙鎮：描繪紙型、裁剪布料時使用。

〈心愛的工具們〉

❶20cm直尺：側面也可測量，非常便利。❷紙膠帶：可以寫上文字、輕鬆拆下的膠帶。❸小尺寸的鉛筆：寫筆記、作記號。❹指套：使用皮革或厚布料時的輔助工具。❺小剪刀：要選擇尖端銳利的刀刃。❻絲針和磁鐵：一組販賣，固定布料好幫手。❼布剪：具有厚實重量感，可確實裁剪布料。

縫紉機車縫

〈縫線張力〉

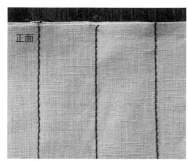

正面

背面

最近家用縫紉機大多採用水平梭子（梭子水平放置，不需使用梭殼），只需要調整上線張力即可。左側為上下縫線張力均等，中間為上線張力強，右側為下線張力強。

〈針目大小〉

試縫時，請配合布料挑選適合的縫針。左側為0.2至0.25cm厚度，中間為0.4至0.5cm厚度布料，右側為0.1至0.15cm薄布。

〈拷克〉

三線拷克。像壓線般的底線為綠色縫線，上線也就是表面看到的咖啡色縫線，下線是背面看到的藍色縫線。縫線張力均等。

〈Z字形車縫〉

左側為上下縫線張力均等，右側為上線張力強。

藍色縫線張力太強，只能看見咖啡色縫線，布端的綻布也很明顯。

〈縫線‧縫針和布的關係〉

❶30號縫線、16號縫針。搭配丹寧布、帆布、羊毛布厚實布料。
❷60號縫線、11號縫針。搭配中厚亞麻布、棉布等，適合大多數布料使用。
❸90號縫線、9號縫針。搭配雪紡、歐根紗等輕薄布料。
＊縫線數字越大、縫針數字越小，布料越薄。

〈縫針的形狀〉

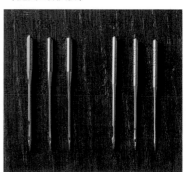

縫針分為家用縫針和工業用縫針。左邊圓形為家用縫針，右邊為工業用縫針，針孔單側較為凹側放置右邊，縫線從左側通過。

製 作 紙 型

〈描繪〉

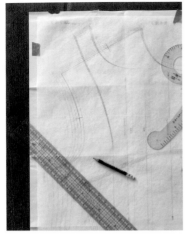

原寸紙型上重疊上半透明紙或薄的不織布，以紙膠帶固定，以鉛筆描繪。
＊使用不織布也許讓人很意外，但因為具有不易破損與起縐特性，非常推薦喔！

〈描繪縫份＆合印記號〉

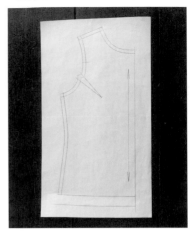

沿著紙型線平行畫出指定的縫份寬度。

〈沿縫份線裁剪〉

下襬等斜線，沿完成線摺疊後，照著底下透出的完成線裁剪。

往上摺疊描繪，可複製正確的縫份寬度。

完成。

裁 剪

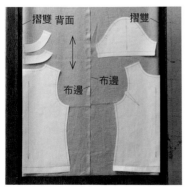

❶整布之後鋪平，正面相對摺疊。紙型摺雙側對齊布料摺雙側。布端布紋較為歪斜，請與布端間隔一些寬度再行放置。

❷依中心上下、下襬、袖襱順序固定，粗裁之後再仔細裁剪。

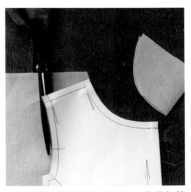

＊從紙型左側裁剪較為方便。盡量勿移動布料，請改變身體方向裁剪。

合印記號

〈剪牙口記號〉

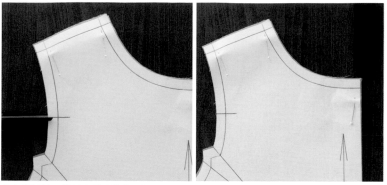

中心記號等，使用布剪尖端剪入約0.5cm牙口記號。

〈尖褶記號〉

❶從紙型尖褶尖端處刺入作記號（注意勿損傷布料）。

❷拿開紙型，從凹點背面側點上記號。

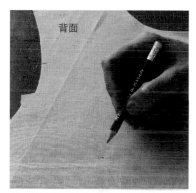

❸尖褶尖端記號完成。

可以消失筆在布料背面寫上部位名稱、正背面區別，也可以使用紙膠帶。

左邊是雙面複寫紙，可以夾在布料中間以點線器描繪製作記號。右邊是消失筆，遇水就會消失。

使用的布料

❶亞麻格紋布：休閒風圖案的輕薄素材，展現大人風高雅質感。❷亞麻平織布：中等厚度，非常適合初學者。❸棉混亞麻平織布：同亞麻布的寬幅素材。❹❺LIBERTY Tana Lawn：非洲蘇丹Tana湖產的棉布素材，選用加入海洋元素的圖案。❻棉蕾絲布：木棉材質搭配聚酯纖維材質的刺繡。❼棉質蕾絲：波浪布端可以作為下襬設計。

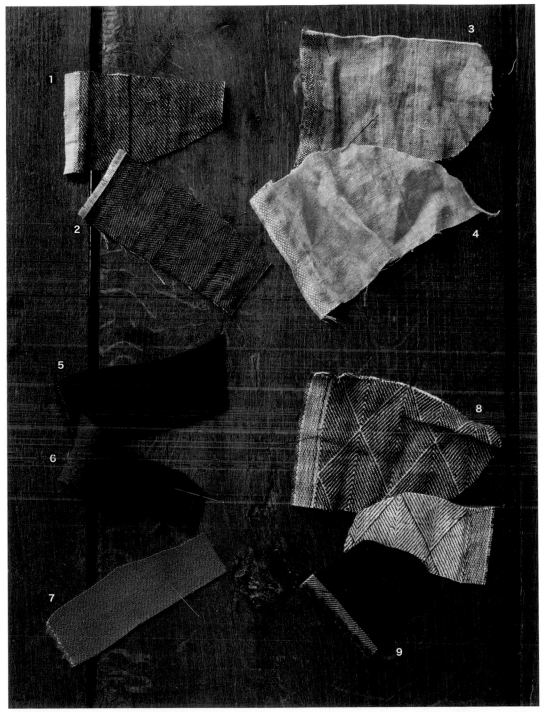

❶亞麻丹寧布：有厚度、比起棉質丹寧布更有個性。❷亞麻人字紋布：經典永遠不會退流行的織紋。❸❹青年布：縱橫採不一樣色系的織線，既輕又保暖。❺壓縮羊毛：以熱水煮製而成。不易綻布，既輕又保暖。❻海狸羊毛布：表面像海狸布一般短毛的溫暖素材，常作為大衣素材。❼羊毛麻花布：數種雙色織線製作出的複雜紋路素材。❽亞麻提花布：正反面花紋皆可利用，以背面設計也可。❾羊毛亞麻布：組合兩種素材優點的人氣素材。

Lesson1

運用含縫份紙型製作
後身片和袖子一體成形的上衣

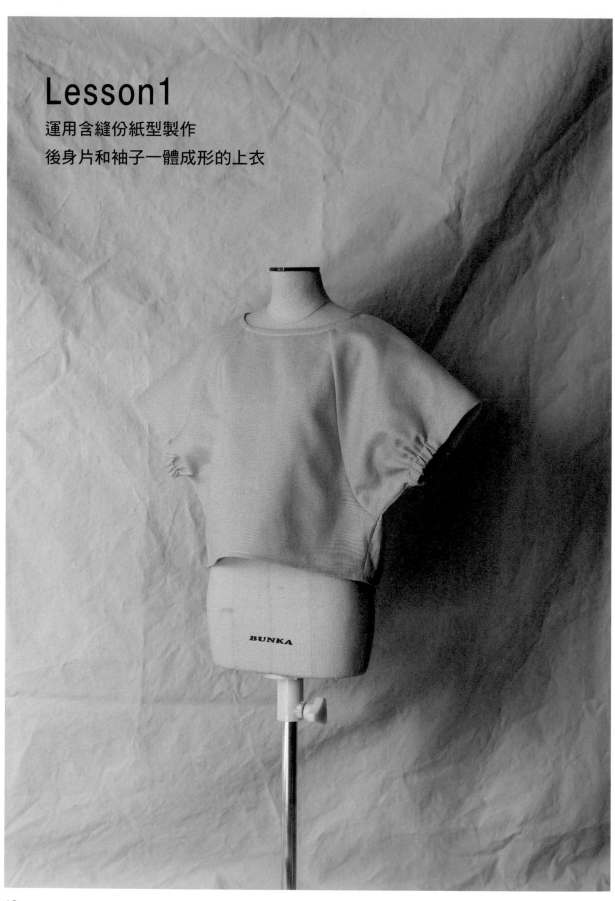

1-b

初學者也可以使用的羊毛亞麻布，
同1-a基本款上衣的秋冬款式。
非常百搭，一年四季都可以穿的萬用單品。
→P.16

1-c

依照紙型裁剪，
但袖口全加上鬆緊帶設計的
白色棉質蕾絲上衣，
運用了即使大人也想要
穿上的高雅素材。

→P.90

1-d

基本紙型裁剪，搭配寬袖設計的羊毛連身裙。
增加前片長度，後片剪接位置加上後裙片，
善用剪接線所設計的口袋也很便利。
→P.92

Lesson1 1-a,1-b

完成尺寸

5號　袖襱長45.5cm/下襬圍101cm

7號　袖襱長46cm/下襬圍105cm

9號　袖襱長46.5cm/下襬圍109cm

11號　袖襱長47cm/下襬圍113cm

13號　袖襱長47.5cm/下襬圍117cm

15號　袖襱長48.2cm/下襬圍123cm

＊衣長55cm

材料

表布1-a（亞麻布）：寬145cm長150cm

1-b（羊毛亞麻布）：寬150cm長150cm

　（5至9號，寬110cm長150cm，

　＊11至15號寬度不同。

　P.90裁布圖橫向裁剪也可以。）

黏著襯：寬90cm長30cm

鬆緊帶：寬2cm長18cm 2條

紙型

Lesson1前片　Lesson1後片

Lesson1剪接　Lesson1領圍貼邊

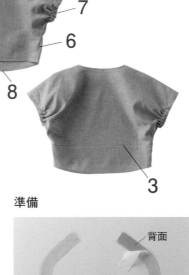

車縫順序

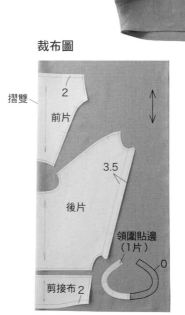

裁布圖

摺雙

2

前片

後片

3.5

領圍貼邊
（1片）

0

剪接布 2

＊除指定處之外，縫份皆為1cm。

準備

背面

裁剪的領圍貼邊作為紙型後，照著裁剪
黏著襯。

1　領圍貼邊貼上黏著襯

❶從前中心開始貼合，不要移動熨斗、
　要以按壓的方式。

❷慢慢朝後面方向按壓貼合。

❸後中心也貼合完成。

2　製作領圍貼邊

❶車縫後中心。

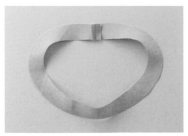

❷燙開縫份。

❸周圍進行Z字形車縫。

3 接縫剪接片

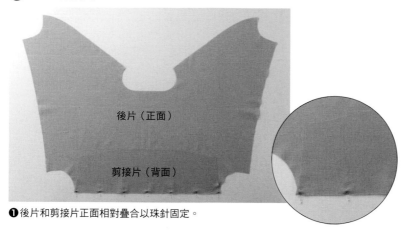

❶後片和剪接片正面相對疊合以珠針固定。

❷車縫。

後片（背面）

剪接片（背面）

❸縫份兩片一起進行Z字形車縫。

後片（正面）

剪接片（正面）

❹由表面按壓縫份，於0.5cm處壓線。

4 接縫前後身片

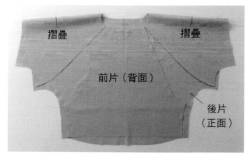

摺疊　　　摺疊

前片（背面）

後片（正面）

❶後片肩線處正面相對疊合，對齊前後中心。

❷後片和前片袖襱邊端正面相對疊合，以珠針固定。

❸車縫。

❹縫份兩片一起進行Z字形車縫，倒向後側。

5 接縫領圍貼邊

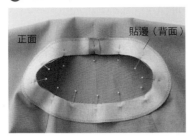

❶貼邊和身片正面相對疊合，依後中心、前中心、前袖線記號固定珠針。

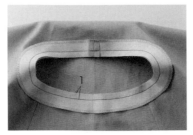

❷看著貼邊側車縫。

0.2至0.3

❸弧線剪牙口，距離縫線0.2至0.3cm處不要剪太進去。

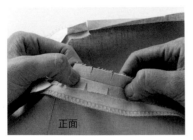

正面

❹以指尖壓開縫份。

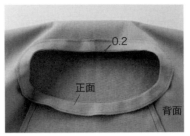

0.2　正面　背面

❺貼邊翻至正面熨燙整理，記住貼邊需進來0.2cm左右。

1　正面

❻貼邊側壓線。

6 車縫脇線

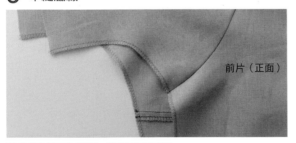

前片（正面）

❶從前後袖下至脇邊，進行Z字形車縫。

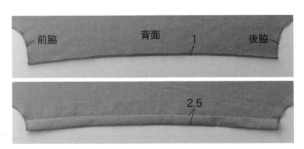

前脇　背面　1　後脇

2.5

❷袖口三摺邊熨燙整理。依1cm、2.5cm寬度摺疊。

1　呈直線

❸展開三摺邊，從袖下到脇邊正面相對疊合珠針固定車縫。弧線縫製時，於壓布腳前2至3cm處，一邊拉直布料一邊車縫。注意此時前片和袖縫線和後剪接縫線需對齊，燙開縫份。

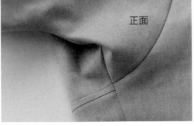

正面

正面　鬆緊帶止點

❹摺疊三摺邊，從背面鬆緊帶止點到鬆緊帶止點0.1cm處車縫。

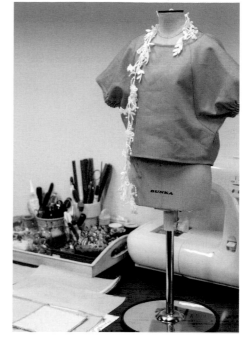

7 袖口穿過鬆緊帶

❶從未車縫側放進鬆緊帶。

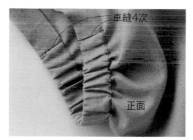

車縫4次
正面
正面

❷車縫鬆緊帶止點到鬆緊帶止點1cm，前後也須固定。

❸剩下未縫袖口由背面0.1cm處車縫。

8 車縫下襬

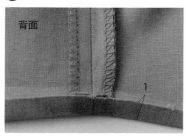

背面
1

❶熨燙摺疊1cm。

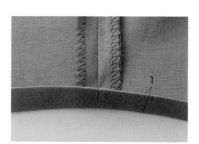

1

❷再依1cm寬度三摺邊。

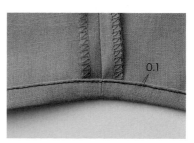

0.1

❸車縫。

Lesson2

講究展開分量，突顯纖細線條的圓裙

2-a

腹部為合身輪廓，
沿著下襬展開的荷葉傘狀裙。前後紙型相同，
素材為水洗加工亞麻青年布。

→P.26

2-b

基本的2-a裙款，再添加下襬剪接片。
拉鍊縫法也加入裝飾性設計，
選用四季都很百搭的亞麻丹寧布素材。

→P.94

2-d

追加紙型細褶分量，腰部搭配織帶的造型設計。

重疊半透明素材，下襬稍稍露出蓬裙內層，外層則是珊瑚圖案的棉質印花布。

→P.98

Lesson2 2-a

完成尺寸

5號　腰圍60cm/臀圍92cm
7號　腰圍64cm/臀圍96cm
9號　腰圍68cm/臀圍100cm
11號　腰圍72cm/臀圍104cm
13號　腰圍76cm/臀圍108cm
15號　腰圍81cm/臀圍113cm
＊裙長70cm

材料

表布（亞麻布）：寬145cm長1.7m
　　　（寬110cm長190cm）
黏著襯：寬90cm長30m
止伸襯布條：寬1.2cm長50cm
拉鍊（鐵弗龍）：20cm
鉤釦：1組

紙型

Lesson2前後裙片
Lesson2前後貼邊

裁布圖

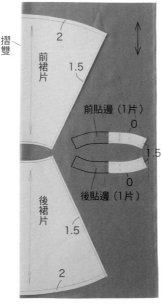

＊除指定處之外，縫份皆為1cm。

車縫順序

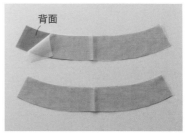

準備

裁剪的領圍貼邊作為紙型後，照著裁剪黏著襯。

1　貼邊貼上黏著襯

❶從前中心開始貼合，不要移動熨斗，要以按壓方式。

❷慢慢朝脇邊方向按壓貼合。

❸兩脇也貼合完成。

2　製作貼邊

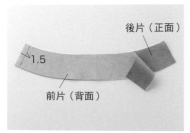

❶車縫右脇。

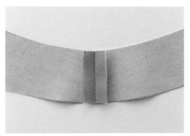

❷燙開縫份。

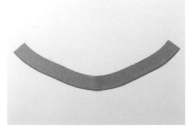

❸下襬進行Z字形車縫。

3 左脇前後貼上止伸襯布條

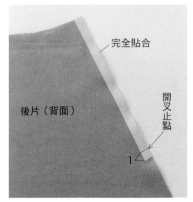

完全貼合

後片（背面）

開叉止點

1

對齊後片縫份邊端貼合。

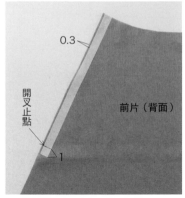

0.3

開叉止點

前片（背面）

1

前片縫份邊端空0.3cm貼合。

4 脇邊進行Z字形車縫

5 左脇車縫至開叉止點

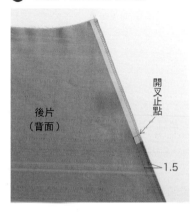

後片
（背面）

開叉止點

1.5

前片   後片

＊使用紙膠帶寫上部位名稱，才不會搞
　錯。

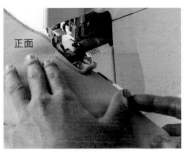

正面

＊靠近右側裁剪邊端較易縫製，拷克時
　裁切一點邊緣會更加整齊好看。

6 裝上拉鍊

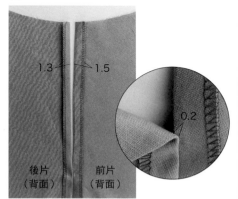

1.3   1.5

0.2

後片
（背面）

前片
（背面）

❶拉鍊縫份摺疊前1.5cm、
　後1.3cm。開叉止點位置
　重疊0.2cm。

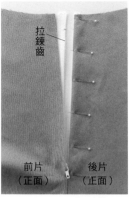

拉鍊
齒

前片
（正面）

後片
（正面）

❷拉開拉鍊，鍊齒邊端對齊
　後拉鍊縫製位置，從表面
　固定珠針。必須確認拉鍊
　帶也必須一起固定。

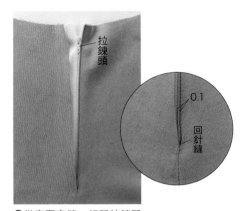

拉鍊
頭

0.1

回針
縫

❸從表面車縫。打開拉鍊開
　始車縫，車至中途將拉鍊
　拉至最上方，進行回針
　縫。

27

❻拉開拉鍊從上面1cm處開始車縫。

❹前裙側對齊拉鍊，貼合完成線後以珠針固定。

❺0.8cm處疏縫。

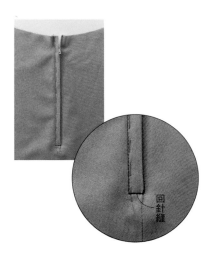

❼車縫至一半拉起壓布腳。

❽車縫至開叉止縫點，縫針無需抬起，轉成直角角度車縫。進行回針縫（3次）。

回針縫

7 車縫右脇

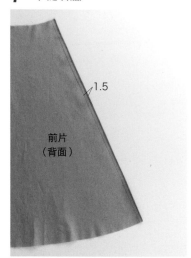

❶容易變形，車縫時請勿拉扯。

❷燙開縫份。

8 接縫貼邊

❶裙片和貼邊正面相對疊合。以珠針固定右脇、前後中心合印記號。

❷打開左脇拉鍊。

❸貼邊如包捲拉鍊般以珠針固定。

❹車縫腰圍。避免變形貼上黏著襯,從貼邊側車縫。

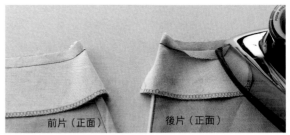

❺從正面燙開縫份。這樣翻至正面才漂亮。

❻拉鍊上面的角沿完成線摺疊,大拇指和食指緊緊按住翻至正面。

❼貼邊調整內縮0.2cm左右。貼邊邊端注意不要露出拉鍊,以珠針固定。

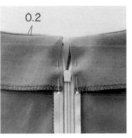

❽貼邊側壓線,貼邊邊端藏針縫。

9 車縫下襬

❶熨燙摺疊1cm。

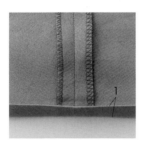

❷摺疊1cm再三摺邊。

❸車縫。

10 裝上鉤釦

拉鍊上方裝上鉤釦,參考P.80。

3-a

呈現美麗輪廓線條的棉麻長褲。
八分長度，是非常百搭的基本褲款。
→P.32

3-b

以壓縮羊毛素材製作的冬天長褲。
別出心裁的口袋設計，
營造出中性化的帥氣造型。

→P.95

Lesson3 3-a

完成尺寸

5號　腰圍60cm/臀圍90cm/褲長82.6cm

7號　腰圍64cm/臀圍94cm/褲長82.8cm

9號　腰圍68cm/臀圍98cm/褲長83cm

11號　腰圍72cm/臀圍102cm/褲長83.2cm

13號　腰圍76cm/臀圍106cm/褲長83.4cm

15號　腰圍81cm/臀圍111cm/褲長83.6cm

材料

表布（亞麻混紡棉布）：寬150cm長190cm

　　　（寬110cm長190cm）

黏著襯：90cm長90cm

止伸襯布條：寬0.9cm長25cm

拉鍊（鐵弗龍）：20cm以上1條

鉤釦：1組

紙型

Lesson3前片　Lesson3後片　Lesson3腰帶

Lesson3持出　Lesson3貼邊　Lesson3口袋

車縫順序

裁布圖

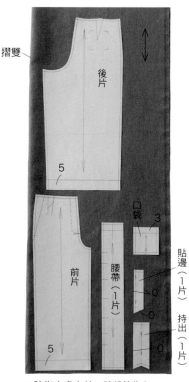

摺雙

後片

5

口袋　3

前片

腰帶（1片）

貼邊（一片）

持出（一片）

0

0

0

5

*除指定處之外，縫份皆為1cm。

準備

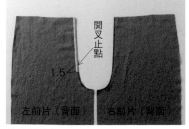

背面

裁剪貼邊、持出、腰帶，並裁剪黏著襯。

1　車縫股上圍

開叉止點

1.5

左前片（背面）　右前片（背面）

❶左前片背面貼上止伸襯布條，左右股上進行Z字形車縫。

開叉止點

❷左右正面相對疊合，股上車縫至開叉止點。

2 製作開叉（為容易理解說明，持出及貼邊採用別布。）

持出（正面）

1

❶持出正面相對摺疊，車縫斜邊側。

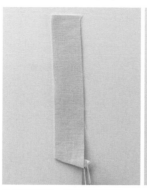

❷翻至正面，裁剪多餘縫份。

❸摺雙另一側進行Z字形車縫。

貼邊（背面）

❹貼邊較短另一側和斜邊進行Z字形車縫。

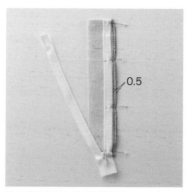

0.5

❺持出Z字形車縫側的邊端0.5cm處，以珠針固定拉鍊位置。

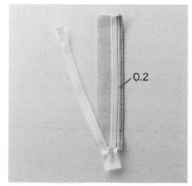

0.2

❻車縫。

右前片（正面）

貼邊（背面）

0.8

開叉止點

❼貼邊右開叉正面相對疊合。車縫至開叉止點。

右前片（背面）

左前片（正面）

內縮0.2cm

重疊0.2cm

❽貼邊翻至正面，貼邊內縮0.2cm。左側摺疊0.8cm縫份，這樣開叉重疊0.2cm。燙開股上縫份。

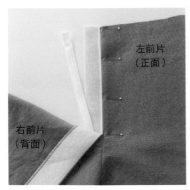

❾ ❻的持出以珠針固定至左脇，拉鍊先打開。

❿車縫。

⓫拉上拉鍊，右側至上側重疊0.2cm處以珠針固定。如圖所示直向插入。

⓬翻至背面，翻出持出，將拉鍊以珠針固定至貼邊。將厚紙放置貼邊和褲子中間，珠針只固定貼邊。

⓭翻至正面拆下珠針。

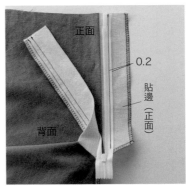

⓮如圖所示避開右側，固定時避開右邊褲片，貼邊車縫固定拉鍊。

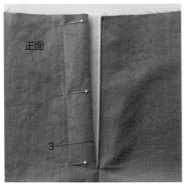

⓯拉開拉鍊狀態，整理形狀，以珠針固定貼邊，描繪引導線。

⓰車縫壓線。不要車縫到持出布。

⓱回針縫後剪掉縫線。

⓲拉上拉鍊。

正面

⓳車縫斜向壓線，回針縫4至5次。縫針不要移開，直接改變布料方向。

多縫一針

斜向壓線，多縫一針幫助股圍穩定。

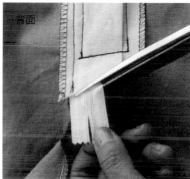

背面

⓴裁剪從貼邊、持出多出來的拉鍊。

3 車縫尖褶

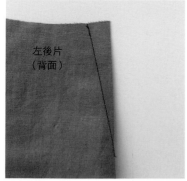

左後片
（背面）

❶後褲子左右股上進行Z字形車縫。從腰部開始車縫尖褶。
→參照P.45。

背面

❷尖褶熨燙倒向中心側。

4 車縫口袋

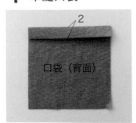

❶口袋口三摺邊熨燙整理。依1cm、2cm寬度摺疊。

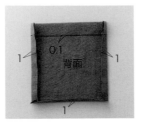

❷車縫口袋口。摺疊兩脇、底部縫份。

❸以珠針固定至口袋縫製處。

❹車縫，兩側開口部分進行回針縫。→參考P.70。

5 疏縫固定褶襉

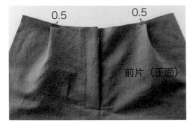

摺疊褶襉完成線，粗針目車縫。

6 車縫後股上線

❶左右後褲管正面相對疊合車縫股上線，車縫兩次補強。

❷燙開縫份。

7 車縫脇邊

❶前後脇邊正面相對疊合車縫。

❷縫份兩片一起進行Z字形車縫。

8 製作腰帶

❶腰帶單側進行Z字形車縫。

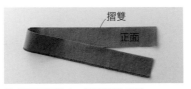

❷背面相對疊合，熨燙製作褶線。

❸正面相對疊合邊端車縫，接縫側不需車縫。

❹翻至正面。

9 車縫腰帶

❶後中心、前中心、脇邊合印記號對齊，以珠針固定，等距離間隔固定。

❷車縫。

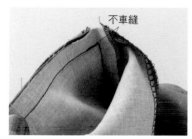

❸前端如圖所示，不要車縫至底部。

❹翻至正面，熨燙縫份倒向腰帶側，邊角摺疊三角形熨燙整理。

❺從正面縫線進行落針縫。

10 車縫股下線

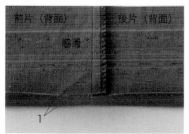

❶左右下襬摺疊1cm進行熨燙。

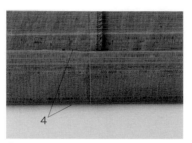

❷再摺疊4 cm進行熨燙。

❸展開三摺邊，車縫左右股下線。縫份兩片一起進行Z字形車縫。倒向後側。

11 摺疊下襬車縫

❶摺疊三摺邊，距下襬0.1cm壓線。

❷腰圍裝上鉤釦完成。→參考P.80

Lesson4

典雅V領
洗練的連袖連身裙

4-b

基本設計袖口，搭配具有立體感的蕾絲。
表裡使用亞麻提花布，營造出高雅垂墜感。
→P.102

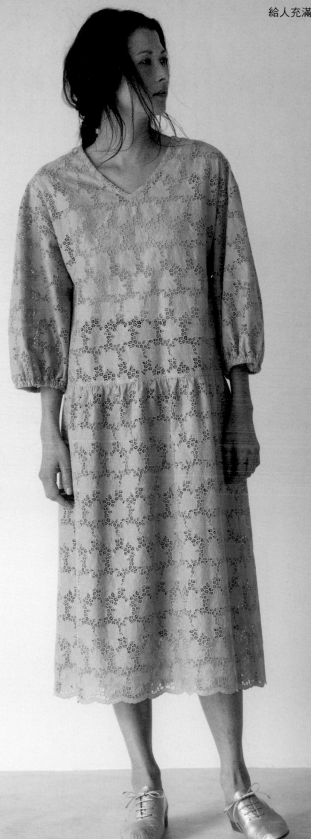

4-c

搭配具分量感的燈籠袖，裙子加上了細褶的設計。
給人充滿懷舊氛圍感的連身裙，下襬使用波浪紋路的棉質蕾絲。

→P.104

4-d

紙型可作出不同變化的袖長。

袖口再加上袖口布，是帶點襯衫風格的亞麻連身裙。

→P.107

Lesson4　4-a

完成尺寸

5號　胸圍95cm/袖襱29.1cm

7號　胸圍99cm/袖襱29.3cm

9號　胸圍103cm/袖襱29.5cm

11號　胸圍107cm/袖襱29.7cm

13號　胸圍111cm/袖襱29.9cm

15號　胸圍116cm/袖襱30.2cm

＊衣長107cm

材料

表布（亞麻布）：寬145cm長1.8m

　　（寬110cm長250cm）

黏著襯：寬90cm長100cm

紙型

Lesson4前片　Lesson4後片

Lesson4前後裙片

Lesson4前領圍貼邊

Lesson4後領圍貼邊

Lesson4袖襱貼邊

車縫順序

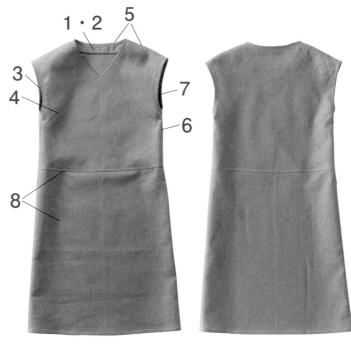

裁布圖

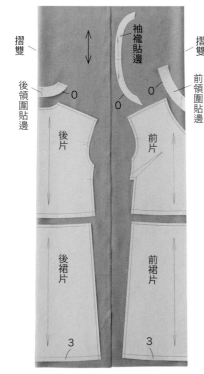

＊除指定處之外，縫份皆為1cm。

準備

裁剪領圍、袖襱貼邊，也以紙型裁剪黏著襯。

1　領圍貼邊貼上黏著襯

❶從前中心開始貼合，不要移動熨斗，
要以按壓的方式。

❷慢慢朝肩線方向按壓貼合。

2 製作領圍貼邊

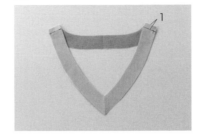

❶車縫肩線。

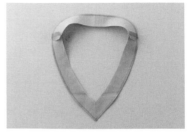

❷燙開縫份，周圍進行Z字形車縫。

（寫在第一張圖下方）❸左右均等按壓慢慢移至肩線。

3 袖襱貼邊貼合黏著襯

❶從中間位置開始貼合。

❷慢慢朝向脇邊。

❸前後均等按壓至脇邊為止。

4 車縫尖褶

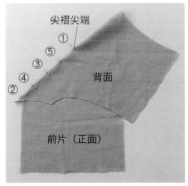

尖褶尖端
① ⑤ ③ ④ ②
背面
前片（正面）

❶依照圖片順序，以珠針在完成線上固定。

❷從脇側回針縫後朝向尖褶方向車縫，車縫時注意避免布料移位。

❸靠近尖褶處時，減慢車縫速度。

❹車縫至尖端。

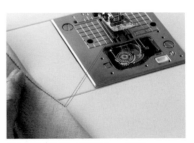

❺不需回針縫，預留15cm縫線。

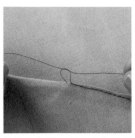

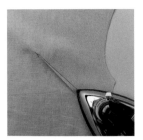

❻抽拉上線拉出下線。

❼縫線打結，打結3次較堅固。

❽預留1cm後修剪縫線。

❾熨斗熨燙尖褶倒下。

5 車縫肩線，接縫領圍貼邊

後片（正面）

1

前片（背面）

❶車縫肩線。

前片（背面）

❷縫份兩片一起進行Z字形車縫，倒向後側。

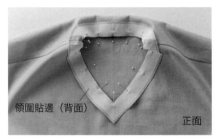

領圍貼邊（背面）

正面

❸前中心、後中心肩線對齊，以珠針等距離間隔固定。

1

❹車縫。V領尖端附近左右以細針目均等車縫。

裁剪至邊緣

❺縫份整體剪牙口。燙開縫份。牙口長度參考圖片的長度。

1

正面

0.2

背面

❻貼邊翻至正面，往內縮0.2cm左右熨燙整理。從貼邊側壓線。

46

6 車縫脇邊

❶前後身片正面相對疊合，車縫脇邊。

❷袖襱縫份不要車縫。

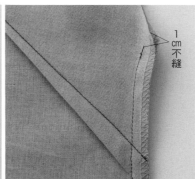

1cm
不縫

7 製作袖襱貼邊・接縫

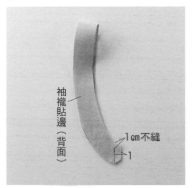

袖襱貼邊（背面）

1cm不縫

1

❶正面相對疊合車縫脇邊，袖襱縫份不要車縫。

❷燙開縫份，周圍進行Z字形車縫。

正面

❸對齊脇肩合印記號，等距離間隔以珠針固定。

1

❹車縫，縫份剪牙口。

未車縫縫份，反摺也很整齊。

1
0.2

❺貼邊翻至正面，內縮0.2cm熨燙整理，貼邊側壓線。

8 製作裙子，接縫身片

❶前後裙片兩脇進行Z字形車縫。

❷裙子正面相對疊合，車縫兩脇。

❸燙開縫份，摺疊下襬1cm。

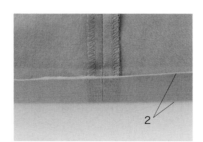

❹再摺疊2cm三摺邊熨燙整理。

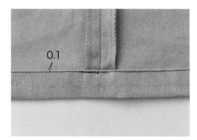

❺車縫，下襬完成。

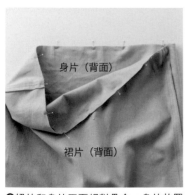

❻裙片和身片正面相對疊合。身片放置裙片中。脇邊、中心對齊以珠針固定。相等間隔以珠針固定。

❼車縫，縫份兩片一起進行Z字形車縫。

❽縫份倒向身片側熨燙整理，壓0.5cm裝飾線。

縫製前的準備工作
一般基礎常識

決定好服裝的款式設計，

參考尺寸表和完成尺寸，

選擇適合自己的紙型尺寸。

準備好配件就可以開始囉！

開始之前也將縫製過程思考一遍。

本單元將介紹各種車縫技巧、熨燙方法。

如何測量尺寸

測量裸體尺寸

以為自己大約是9號或M尺寸，
或根本不清楚尺寸的人其實很多。
請一定仔細測量胸圍、腰圍、臀圍。

請準備布尺。
為了量出正確尺寸，請站在鏡子前面測量。
如果有人幫忙，將會更加準確、便利。
穿著服裝時，請測量內衣部分的尺寸，
兩腳站立分開10cm左右。

測量胸圍時，胸部最高位置必須和地面平行測量。
測量腰圍時，腰部最細處位置請預留一點寬度測量。
測量臀圍時，臀部最高位置必須和地面平行測量。
＊其他背長、袖長、肩袖長、肩寬等也須記入。
　其他需要尺寸也一併處理。

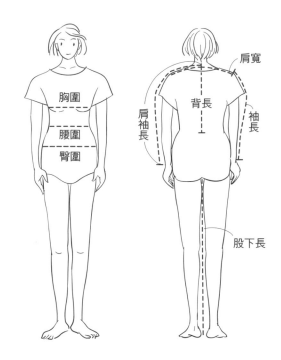

選擇適合尺寸

〈尺寸表〉

單位＝cm

	5號	7號	9號	11號	13號	15號
胸圍	77	81	85	89	93	98
腰圍	58	62	66	70	74	79
臀圍	84	88	92	96	100	105
身長	158至164					

本書附贈原寸紙型5至15號，請選擇接近自己身體尺寸的號數，在各款式How to Make刊載的完成尺寸也參考一下。當對尺寸感到疑惑時，請選擇較大一點的尺寸。製作褲子、裙子時，可以先測量平常喜歡的款式尺寸作為參考。

測量完成尺寸的位置

Lesson1　上衣

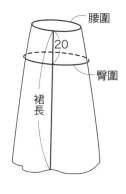

Lesson2　裙子

Lesson3　褲子

Lesson4　連身裙

調整紙型的長短

選擇適合自己的紙型尺寸後，接下來調整長度。依據身高、喜好、選擇適合自己的長度。

褲子

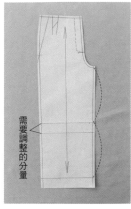

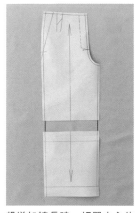

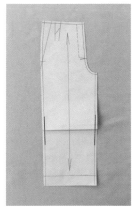

長度的調整。調整股下中央位置，不會影響到整體輪廓。後片也依相同方法（如圖所示，一般長褲款式可以直接調整下襬。）

想增加褲長時，切開中心位置，平行展開需要的分量，連接兩邊線條。

想縮短褲長時，切開中心位置，平行摺疊需要的分量，平行連接兩邊線條。

裙子

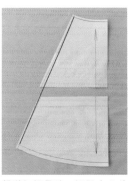

前中心位置。不需改變下襬位置同樣可以調整長度。後片依相同方法處理。

想增加裙長時，切開中心位置，平行展開需要的分量，連接線條，平行下襬線，展開需要分量，連接脇邊線。可改變下襬傘狀分量。

想縮短裙長時，切開中心位置，平行摺疊需要的分量，連接線條。

袖子

不變動袖子設計，可以只調整長度。將長袖改為七分袖，此時必須注意袖口的分量。

想增加袖長時，切開中心位置，平行展開需要的分量，連接袖下線。

想縮短袖長時，切開中心位置，平行摺疊需要的分量，連接袖下線。

黏著襯和黏著襯條

單面附有黏著劑，可以熨燙黏貼布料，用來補強、增加布料厚度。有多種種類可以選擇，以下介紹一般基礎使用的種類。

黏著襯

基本上，從服裝外觀看不到黏著襯的存在，只要注意比較透明的布料需選擇白色黏著襯即可。素材有分平織、針織和不織布。有各種不同的厚度，選擇柔軟黏著襯，可以保持布料的原本風貌。

❶❷白色和黑色輕薄黏著襯。
❸不織布黏著襯，不在意布料質感時使用。

黏著襯條

又稱止伸襯布條，避免布邊伸長。依照用途請採用不同種類。

❶直布紋黏著襯條。不伸長特性，可用在大衣等的前端。棉混紡聚酯纖維素材。
❷斜布紋黏著襯條。直橫布紋約30°左右，並且不妨礙原本布料質感。棉混聚酯纖維素材。
❸正斜布紋黏著襯條。直橫布紋約45°左右，適用於領圍等處，不妨礙原本布料質感。棉混聚酯纖維素材。
❹針織黏著襯條。伸縮素材使用的黏著襯條，不想太過硬挺的邊端也可以使用。

裁剪黏著襯

〈小布片〉

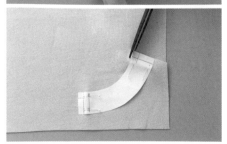

粗裁布料後貼上黏著襯後裁剪，不用擔心黏著襯貼合的位置。

〈大布片〉

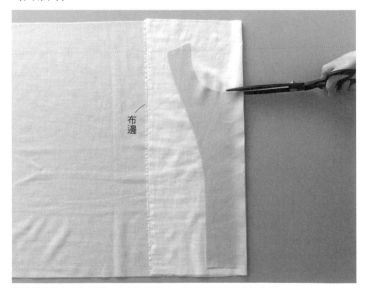

布邊

將裁剪的表布作為紙型，裁剪黏著襯時，避開布邊歪斜處較合適。

貼上黏著襯

從中心往邊端按壓熨燙前進。記住勿使用蒸汽，溫度約140℃至160℃左右。

貼上黏著襯條

〈直線貼合〉

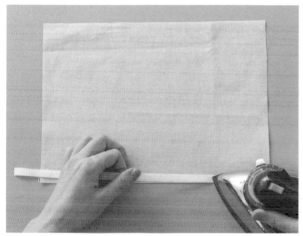

一開始請準備約5cm，左手疊合布邊，壓住後貼合。

〈貼合弧線〉

一開始請準備約5cm左右，斜布條方便塑形，左手一邊彎曲，善用熨斗尖端按壓處理。

縫紉機的縫製技巧

始縫和止縫

〈直線車縫〉

1 始縫和止縫需回針縫1cm左右，這樣就不易脫落。

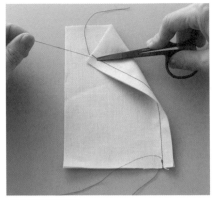

2 裁剪邊緣縫線。

〈Z字形車縫〉

1 始縫和止縫後預留長一點縫線。

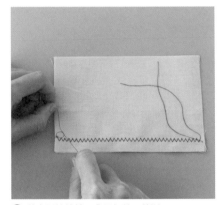

2 將表側縫線拉至背面打結，剪斷。

〈拷克〉

1 始縫和止縫後預留長一點縫線。

2 縫針穿過縫線，穿過中間縫線位置。

3 穿過3cm長度左右出針。

4 裁剪邊端縫線。

縫製途中縫線用完時（車縫線）

1 預留十幾公分縫線後裁剪。

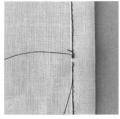

2 最初的縫線從背面拉出縫線打結裁剪，縫針穿出原本縫線再次縫製。始縫線穿出背面。

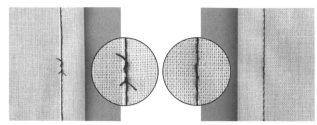

3 拉出縫線後打結。

4 正面看不出來接縫線。

車縫出漂亮的弧線

1 緩慢移動布料一針、一針車縫前進。

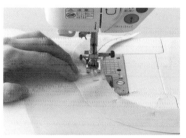

2 斜布紋車縫弧線時容易變形，請多加注意，可以抬起壓布腳加以調整。

3 壓布腳盡量和布邊平行車縫。

車縫邊角

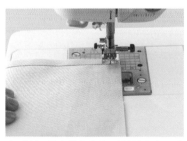

1 車縫至邊角邊緣處後，縫針勿提起，直接旋轉布料車縫。

2 邊角車縫完成後熨斗熨燙，燙開縫份。

3 如圖所示以大拇指和食指緊緊按壓。

4 翻至正面。

5 以錐子從邊角外側處調整縫份的平整度。

6 熨燙整理邊角。

熨燙的技巧

了解適當的溫度

布料種類	溫 度
化纖	低　120℃至180℃
絲質	中　140℃
羊毛	中　160℃
棉質	高　180℃至200℃
亞麻	高　180℃至200℃

熨燙大範圍面積時

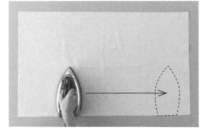

1 首先整理橫布紋，由左到右按壓熨燙。

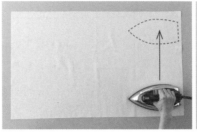

2 整理直布紋，由下到上按壓熨燙。

回針縫後熨燙整理

〈**對齊布料邊端**〉　將兩片布料對齊疊合邊端。

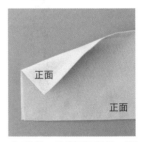

1 對齊兩片布料。

2 熨斗熨燙整理縫線。這樣之後燙開縫份會更方便處理。

3 打開兩片布料燙開縫份。

4 就像一片雙面布料般，不論哪一面均看不到另一側的布。

〈**內縮**〉　表布往內側摺疊零點幾公分，以熨斗熨燙整理縫線。

3 步驟**1**和**2**對齊布料邊端的同作法。重疊布料邊端車縫。

4 以手指稍稍往內側移疊零點幾公分，以熨斗熨燙整理縫線。

5 從背面可以看到正面的縫線，從正面看不到布料背面縫線。

Technique guide
運用自如的部分縫

從介紹作品的縫製過程中，

挑選出需要注意的部分縫法，

教導簡易又清楚的工整縫紉技巧。

請一邊想像，一邊研究圖片和解說。

一定會更加了解車縫的有趣所在。

縫份的處理

袋縫

1 將兩片布料背面相對疊合車縫。

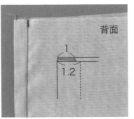

2 依照P.56布料邊端對齊作法翻至背面，如包捲縫份般，正面相對疊合，縫份寬0.2cm外側處車縫。

3 正面只看得到縫線。

內側。

包邊縫

1 疊合車縫，縫份兩片一起進行Z字形車縫。

2 倒向單側，縫份壓裝飾線。

3 正面看得到縫線和壓線。

雙邊摺縫

1 將兩片布料正面相對疊合車縫。

2 壓線側的縫份裁剪一半寬度。

3 較寬寬度的縫份包捲短的那一側摺疊，壓線車縫。

4 正面看得到縫線和壓線。常應用在男性襯衫設計。

邊機縫

1 約0.5cm布邊往內側熨燙摺疊後車縫。

2 將兩片布料正面相對疊合車縫。

3 燙開縫份。

Z字形車縫後燙開縫份

車縫前，縫份兩片一起進行Z字形車縫，燙開縫份。

摺疊

將摺疊面放置前面，往上側摺疊。

三摺邊 〈1cm和2cm三摺邊〉

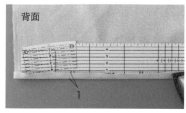

1 熨燙摺疊1cm。將摺疊面放置前面，如圖片所示使用熨燙專用尺，便利又正確。也可使用厚紙片畫線。

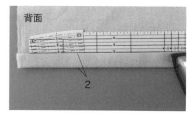

2 摺疊1cm處再摺疊2cm。

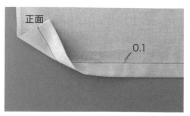

3 壓線車縫。

完全三摺邊

〈1cm和1cm三摺邊〉

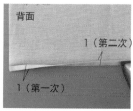

1 熨燙摺疊1cm，依摺疊處同樣寬度再次摺疊。

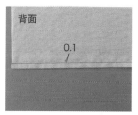

2 壓線車縫。布料完全變成雙層，比較透明的布料非常適合此種方法。

〈2cm和2cm三摺邊〉

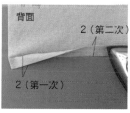

1 熨燙摺疊2cm，摺疊處再摺疊2cm。

2 壓線車縫。下襬等需要牢固的車縫處適用。

二摺邊

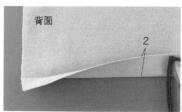

1 熨燙摺疊需要的寬度。

〈Z字形車縫〉

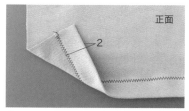

2 布邊Z字形車縫，正面也可以看到Z字形車縫。適合針織布等適合不容易綻布的素材。

〈單壓線〉

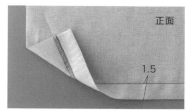

2 布邊Z字形車縫。壓一條裝飾線。

〈雙壓線〉

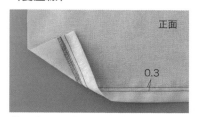

2 布邊Z字形車縫。壓兩條裝飾線。

處理下襬

藏針縫

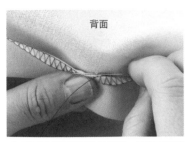

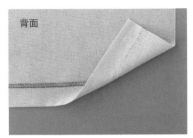

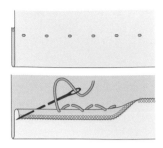

1 Z字形車縫側熨燙摺疊份，以左手指翻出，進行藏針縫。

2 看不到縫線，適合裙子或褲子下襬。

開叉

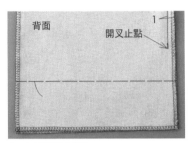

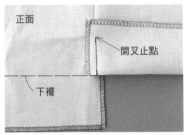

1 車縫至開叉止點。

2 沿下襬線往表側摺疊，車縫至開叉止點。

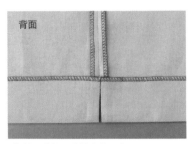

3 另一側以相同方法車縫。

4 整理車縫好的邊角後，翻至正面。

雙層

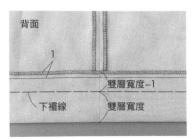

1 Z字形車縫。雙層摺疊寬端×2−1cm位置熨燙摺疊，壓裝飾線。

2 翻至正面，下襬位置熨燙整理。

3 完成，脇邊縫線內側輕輕翻起，整體更為工整。

抽細褶

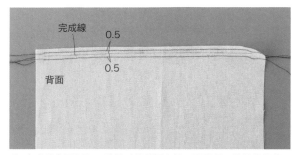

1 完成線上下0.5cm位置以粗針目車縫，預留長一點縫線裁剪。所謂粗針目車縫是指約0.4至0.5cm左右針目，之後方便拆除。

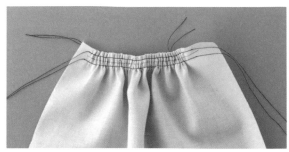

2 上線用力抽拉，比完成尺寸寬度更短一點。

3 細褶和布紋平行抽拉，熨燙整理。記住不要按壓到下側的細褶。

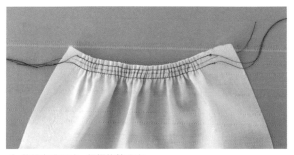

4 依照完成尺寸，細褶均等分布。

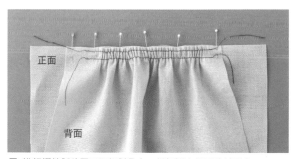

5 沿細褶縫製位置正面相對疊合，從細褶布側以珠針固定。

6 車縫完成線，注意不要車縫到粗針目縫線。

7 拆下粗針目縫線。上側縫線留著縫份比較安定。

8 沿完成線熨燙整理。

領圍

開叉貼邊

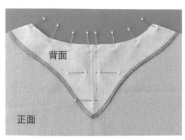

1 身片和貼邊中心對齊以珠針固定，注意尺寸避免變形以珠針固定領圍。

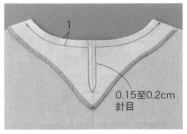

2 領圍和開叉車縫。開叉部分以細針目車縫。

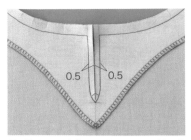

3 剪牙口，注意不要剪到縫線。劍形裁剪。

4 領圍剪牙口，燙開縫份。重疊兩片邊角摺疊。

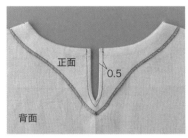

5 壓住邊角翻至正面。

完成。

接縫後中心貼邊

1 後中心車縫至開叉止點。縫份熨燙三摺邊。

2 縫份翻出正面，如圖所示重新摺疊，以珠針固定。

3 正面相對疊合以珠針固定車縫。貼邊中心不附縫份。

4 領圍剪牙口，燙開縫份。

5 拇指和食指壓緊邊角縫份。

6 以手指翻至正面。

7 翻至正面，三摺邊下只有貼邊。

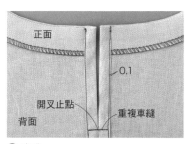

正面
0.1
開叉止點　重複車縫
背面

8 完成。

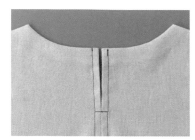

完成。

斜紋布・滾邊布

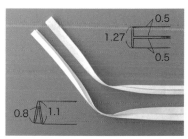

0.5
1.27
0.5
0.8　1.1

上側是斜紋布，市面上也有販售二摺邊斜紋織帶。圖片下側是滾邊條。

〈斜紋布處理〉

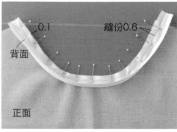

0.1　縫份0.6
背面
正面

1 斜紋布和身片正面相對重疊以珠針固定。露出0.1cm至身片側。

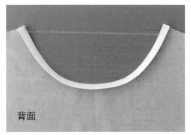

背面

2 車縫褶線，從內側翻出斜紋布熨燙整理。

0.1
0.1
背面

3 往內縮0.1cm。由內側斜紋布條邊緣車縫。

完成。步驟3的縫線露出來。

正面

〈滾邊布處理〉

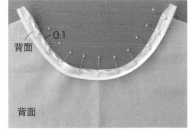

0.1
背面
背面

1 身片背面將滾邊布和布料正面重疊，以珠針固定。從身片露出0.1cm左右。

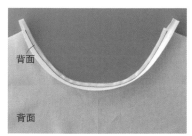

背面
背面

2 車縫褶線。

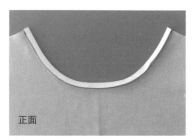

正面

3 滾邊布包捲縫份翻至正面。步驟2的縫線不可看見，熨燙整理。

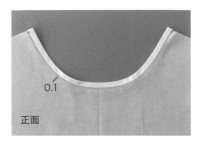

0.1
正面

4 沿正面滾邊布邊緣車縫，即完成。

領圍

V領

1 身片和貼邊V中心對齊以
珠針固定。一邊固定領圍
時,注意尺寸避免變形。

2 車縫領圍。貼邊描繪中心線可以清楚看到縫製止點,先端以細針
目車縫兩次。

 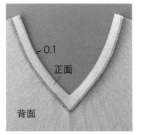 

3 尖端剪牙口時注意不要剪
到縫線。

4 縫份剪牙口後,燙開貼邊
側縫份。

5 貼邊翻至正面,熨燙整
理。往內側0.1cm。

完成。

四方領

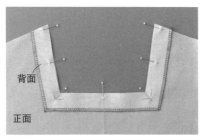 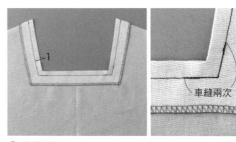

1 身片和貼邊四角邊端以珠針固定,領圍以珠
針固定。貼邊邊角完成線正確固定住才能正
確車縫。

2 車縫領圍。

  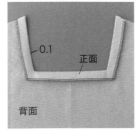 

3 邊角剪牙口時注意不要剪
到縫線。

4 貼邊縫份熨燙整理。

5 貼邊翻至正面,熨燙整
理。往內側0.1cm。

完成。

64

蝴蝶結領作法

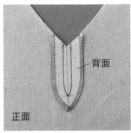

1 製作前中心開叉。

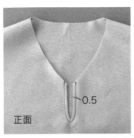

2 貼邊翻至正面,壓裝飾線。

3 領圍長度+打結(左右各30至35cm),如圖示斜布紋裁剪,摺疊周圍縫份。

4 身片內側和步驟**3**的布條正面對齊,沿後中心、肩、前的順序以珠針固定車縫。

5 縫份摺疊至布條側,包捲後以珠針固定。

6 整理布條。沿正面布邊緣車縫,即完成。

後中心開叉卷領作法

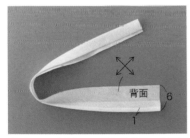

1 領圍尺寸的領子,依圖片裁剪。背面相對對摺,單側縫份摺疊。

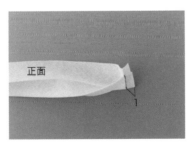

2 正面相對疊合,車縫兩端。

3 翻至正面。

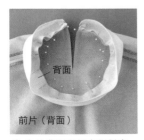

4 身片背面和領表側對齊,依後中心、肩、前片以珠針固定。

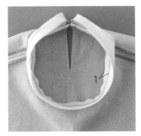

5 車縫。

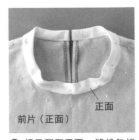

6 領子翻至正面,縫份包捲領圍般以珠針固定。

7 整理領子,從表領邊緣車縫,即完成。

車縫袖子

基本袖子

1 翻至背面的身片袖襱，對齊從正面翻出袖子。

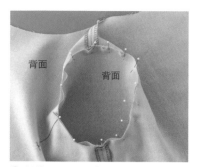

2 從袖側看時，對齊袖下和脇邊縫線、袖山和肩線、袖子和身片前後合印記號。以珠針仔細固定袖襱和袖山弧線。

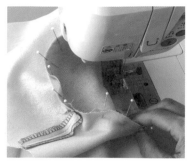

3 從脇邊7至8cm開始車縫。

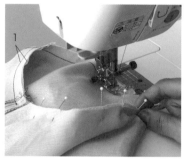

4 拆下珠針，慢慢車縫前進。

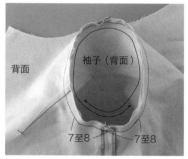

5 前後袖下7至8cm需補強處開始車縫兩次。

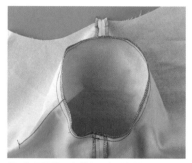

6 縫份兩片一起進行Z字形車縫。

7 使用燙馬熨燙整理身片肩線。

8 熨斗尖端按壓身片肩線側，穩定縫線。沒有燙馬可使用厚毛巾代替。

完成。

燙馬：輔助熨燙展現立體感的袖山或股下線。

拉鍊

拉鍊的種類

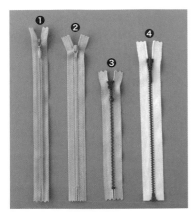

❶隱形拉鍊：看得見縫線。
❷鐵弗龍拉鍊：一般使用的種類。直接車縫至鍊齒織帶上，縫上後可裁剪長度。
❸金屬拉鍊：圖片上復古加工款式，作為設計重點。
❹運動拉鍊：休閒款式常用的種類，附有拉鍊環。

隱形拉鍊

隱形拉鍊壓布腳：將一般壓布腳換掉車縫。

1 隱形拉鍊。比起開叉尺寸，再長2cm。

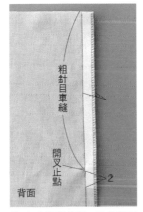

2 左右縫製位置，比起開叉止點，止伸襯布條再往下2cm貼合。縫份Z字形車縫。開叉止點下側開始一邊縫線車縫，以上側粗針目車縫。

3 燙開縫份，拉鍊對齊中心，疏縫縫份固定。

4 拆掉粗針目縫線至開叉止點，拉鍊開至開叉止點之下。

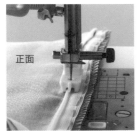

5 隱形拉鍊壓布腳將左邊溝槽放進右拉鍊齒，車縫至開叉止點。

6 隱形拉鍊壓布腳將右邊溝槽放進左拉鍊齒，車縫至開叉止點。

7 拆掉疏縫線，將止具移至開叉止點處固定。

完成。

拉鍊縫製

裝飾拉鍊

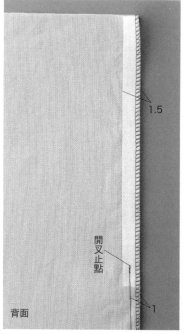

1.5

開叉止點

背面

1

1 左右內側開叉止點下側2cm處為止，貼上止伸襯布條，進行Z字形車縫。從開叉止點以下1cm縫份處車縫。

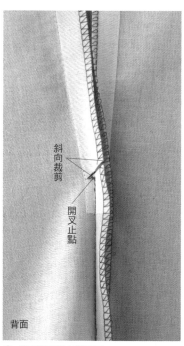

斜向裁剪

開叉止點

背面

2 如圖所示斜向剪牙口。

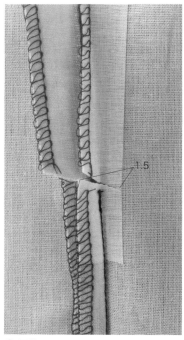

1.5

3 再剪0.5cm牙口。

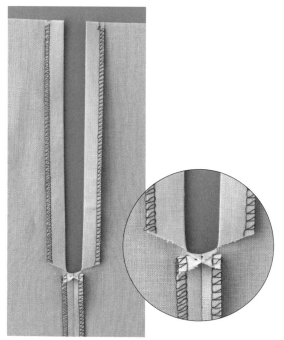

4 如圖所示燙開縫份。拉鍊口完成。

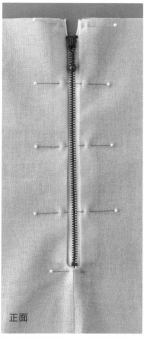

正面

5 拉鍊左右均等，以珠針固定。

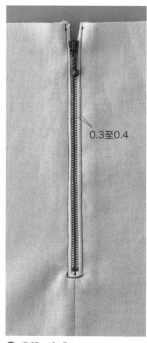

0.3至0.4

6 車縫。完成。

開式拉鍊

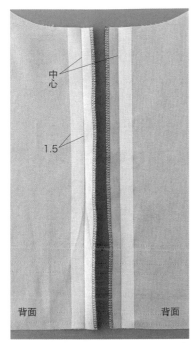

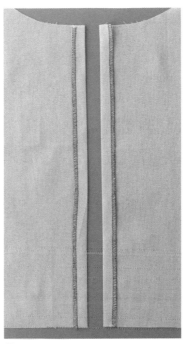

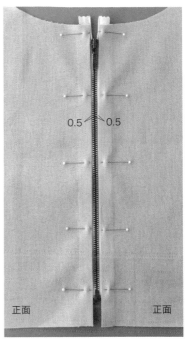

1 左右拉鍊位置內側貼上止伸襯布條。上下均貼至布邊,進行Z字形車縫。

2 熨燙摺疊中心位置內側。

3 左右身片對齊拉鍊齒,以珠針固定。

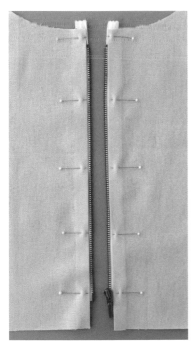

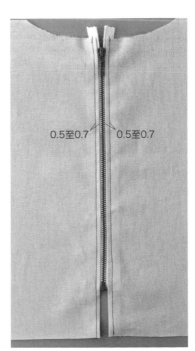

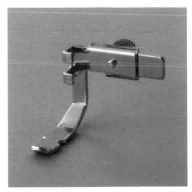

拉鍊壓布腳:半邊壓布腳,可以順利車縫拉鍊。

4 打開拉鍊。變換拉鍊專用拉鍊腳。

5 車縫,左右均由上往下車縫。完成。

口袋

貼式口袋

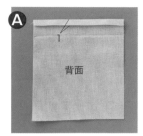

1 摺疊1cm。

2 再摺疊2cm三摺邊。

3 車縫。

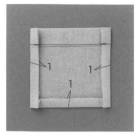

4 下側和兩脇摺疊1cm。

5 縫製位置以珠針固定,兩邊開口均從基底布車縫一針並回針縫。

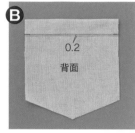

1 同Ⓐ的**1**、**2**摺疊,車縫。

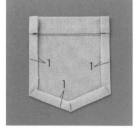

2 兩脇摺疊1cm,下側邊角也摺疊1cm。

3 縫製位置以珠針固定,兩邊開口均以三角形補強車縫,最後邊側車縫兩次。

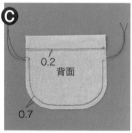

1 同Ⓐ的**1**、**2**摺疊,壓裝飾線。如圖所示以粗針目車縫。

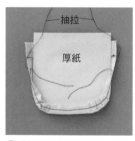

2 製作厚紙口袋紙型,放上布片,抽拉表側露出的縫線。

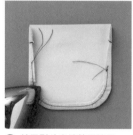

3 善用熨斗尖端整理縫份。

4 縫製位置以珠針固定,兩邊開口均以長方形補強車縫,最後邊側車縫兩次。

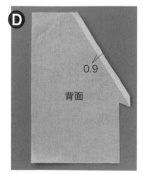

1 口袋口貼止伸襯布條。

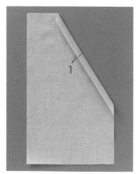

2 口袋口熨燙三摺邊。

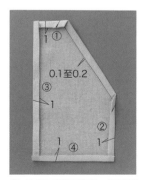

3 口袋口熨燙整理。如圖所示摺疊縫份。

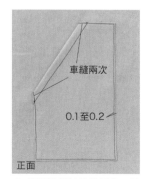

4 縫製位置以珠針固定,始縫和止縫均從基底布車縫一針並回針縫。

拉鍊口袋

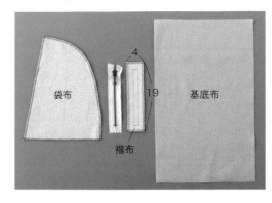

這款搭配15cm的拉鍊，基底布周圍進行Z字形車縫。準備內側貼有黏著襯和周圍Z字形車縫的襠布。

1 中央描繪上拉鍊縫製位置，長方形位置二廛車縫。

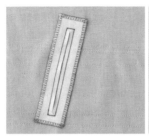

2 兩端剪入劍形牙口。

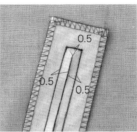

3 襠布側縫份如圖片燙開。

4 沿牙口將襠布翻至正面，對齊熨燙整理。

內側。

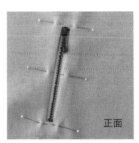

5 開口對齊拉鍊以珠針固定。

6 車縫周圍。

內側。

7 內側縫製位置放上襠布，內側車縫。完成。

正面。

脇邊口袋

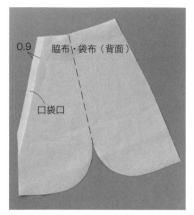

1 袋布口袋口，對齊布邊貼上止伸襯布條。

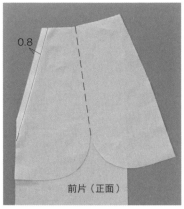

2 口袋口正面相對疊合，車縫。

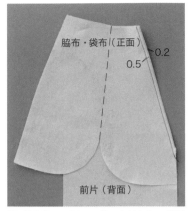

3 袋布翻至正面，口袋口內縮0.2cm熨燙整理。壓0.5cm裝飾線。

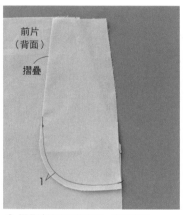

4 摺疊連接脇布的袋布，車縫底布。

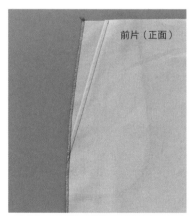

5 脇邊進行Z字形車縫。

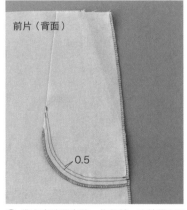

6 袋布底端再車縫一條縫線。布邊進行Z字形車縫。

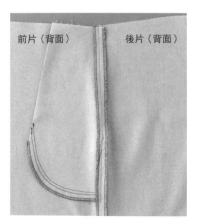

7 後片和脇邊車縫，燙開縫份。

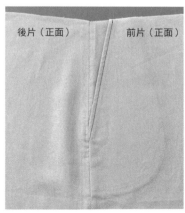

完成。

剪接線口袋A

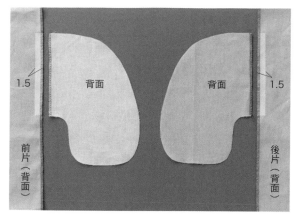

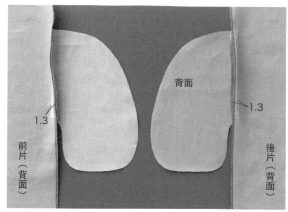

1 前後口袋口貼上止伸襯布條。袋布口袋口和前後脇邊進行Z字形車縫。

2 前後片分別與口袋布正面相對疊合，車縫口袋口。

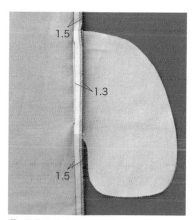

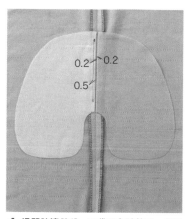

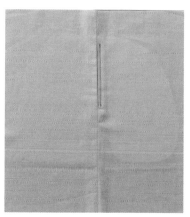

3 前後口袋布正面相對疊合，脇線上下車縫至口袋口。

4 燙開脇邊縫份，口袋口內縮整理。從口袋口表側壓裝飾線。

表側。

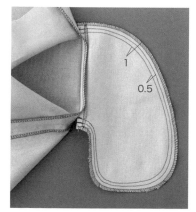

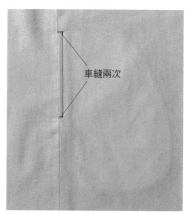

5 周圍雙重壓線，進行Z字形車縫。

6 口袋口上下補強車縫兩次。往前多一針縫線補強，即完成。

口袋

剪接線口袋B

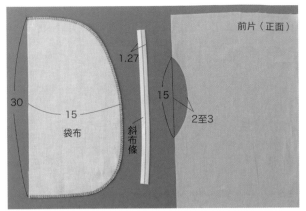

善用脇邊縫線製作圓弧口袋口。脇線之外袋布進行Z字形車縫，準備斜布條。

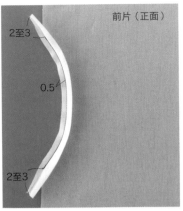

1 口袋口和斜布條正面相對疊合車縫。預留斜布條上下長度。

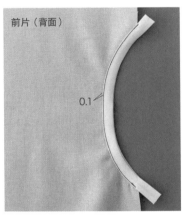

2 翻至背面熨燙整理，沿斜布條車縫。

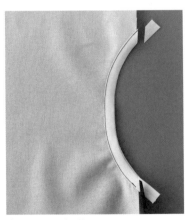

3 裁剪多餘斜布條。

4 袋布從背面口袋位置縫製。

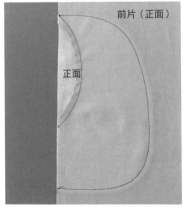

表側。

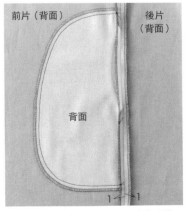

5 前後脇邊進行Z字形車縫，車縫脇邊，燙開縫份。

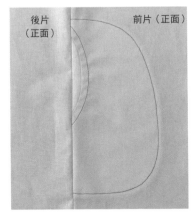

完成。

腰圍剪接線口袋

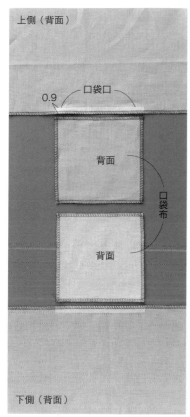

1 上下口袋口內側貼上止伸襯布條。腰圍剪接線和口袋布周圍進行Z字形車縫。

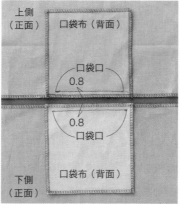

2 口袋布對齊完成線位置，車縫口袋口。

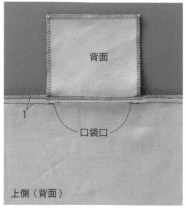

3 上下正面相對疊合，左右腰圍車縫至口袋口。

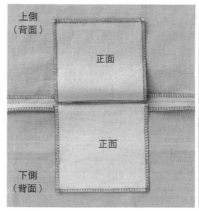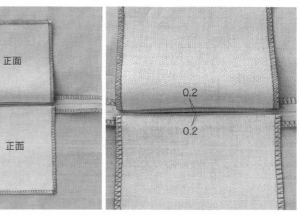

4 上下燙開縫份。口袋布內縮0.2cm。

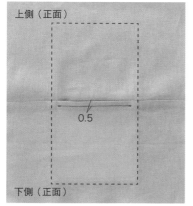

5 展開口袋布，從表側口袋口下側壓裝飾線。這樣口袋布較為穩定。

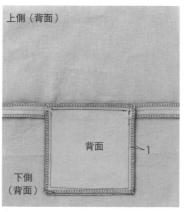

6 重疊上側口袋布，車縫口袋布周圍。

7 口袋口的左右補強車縫兩次。縫線多一針縫線補強，即完成。

斜布條

裁剪斜布紋

〈正斜布紋〉

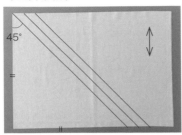

45°

整理布紋後，長寬兩邊採同尺寸連接直線即為正斜紋。邊角角度45°。弧線滾邊使用。

〈斜布紋〉

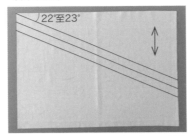

22°至23°

直布紋和正斜紋間的布紋線。具有和緩的弧線滾邊、防止止伸等功能。

製作斜布條

1 裁剪指定寬度的斜布條×2＝必要寬度。

2 從兩側往中央疊合，熨斗熨燙時小心避免變形。

3 使用專用斜布紋滾邊器時，請準備兩倍寬的斜布條。

4 放進斜布條。可以使用縫針輔助拉出布條。

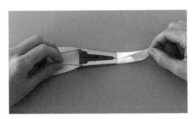

5 疊合目需置於中央後拉出。

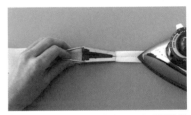

6 以左手拉著斜布紋滾邊器，右手熨燙整理。斜布紋滾邊器：CLOVER

釦環

製作釦環

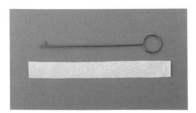

1 準備斜布條和返裡針。

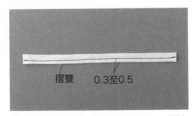

摺雙　　0.3至0.5

2 正面相對對摺，輕薄布料0.3cm、厚布料0.5cm處車縫。

摺雙　　0.2至0.4

3 裁剪縫份，輕薄布料0.2cm、厚布料0.4cm。

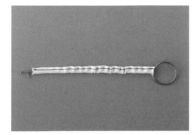

4 穿過返裡針。

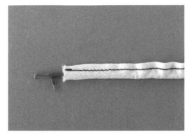

5 返裡針邊端已經固定住布條。

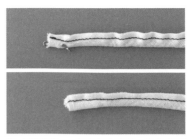

6 從邊端1cm處固定住布料，抽拉返裡針。

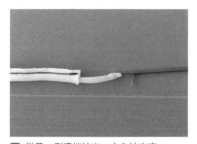

7 從另一側邊端拉出，小心拉出來。

8 釦環完成。布條拉引器：CLOVER

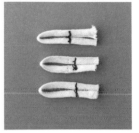

9 裁剪需要的數量，配合釦子尺寸調整大小，疏縫固定在完成線外側。

接縫釦環

1 右身片放置釦環。完成線為中心位置，車縫固定。

2 往中心摺疊，中心邊緣車縫固定。

3 疏縫固定。

4 從正面釦環邊端處以珠針作記號，製作釦子位置。

市售釦環

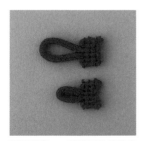

種類很多。一般常用色系基本上都有。配合釦子尺寸選擇稍大一號的釦環。

1 車縫固定至右身片。

表側。

2 正面釦環邊端以珠針固定確認釦子位置。

製作細繩

摺疊縫份，再次對摺

1 完成寬度×2＋縫份寬度×2＝必要寬度。

2 短縫份熨燙摺疊。

3 長側縫份兩邊熨燙摺疊。

4 對摺。

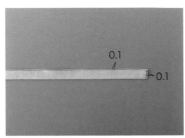

5 車縫壓線。

改變邊端摺疊方法

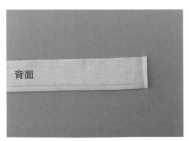

1 單邊長側縫份熨燙摺疊，短側兩邊熨燙摺疊。

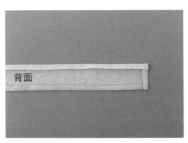

2 熨燙摺疊另一邊的長側縫份。

3 對摺。

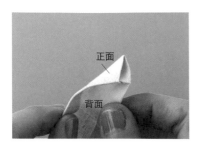

4 如圖所示包夾縫份般整理。

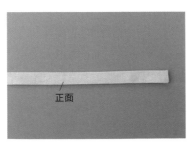

5 熨燙整理。

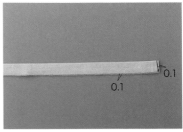

6 輕易就能車縫壓線，適合較厚布料運用。

中間鬆緊帶設計

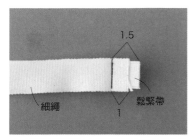

1 細繩和鬆緊帶正面相對疊合，來回車縫數次固定。

2 翻至正面，再次車縫固定。

穿過鬆緊帶

〈寬幅鬆緊帶〉

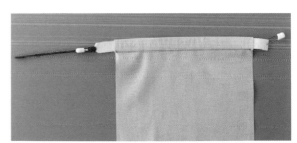

1 使用夾式穿帶器非常便利。夾式穿帶器：CLOVER

2 穿過。避免脫落邊端使用安全針固定。

〈窄幅鬆緊帶〉

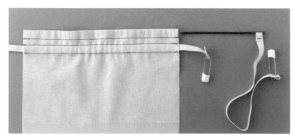

窄幅鬆緊帶較為柔軟，彎曲變形也不用擔心。穿帶器：CLOVER

穿過時可以簡單固定邊端，就不會脫落。

不論種類，鬆緊帶重疊處車縫固定。

鉤釦・暗釦・釦子

服裝附屬各種釦具，學習完美使用的技巧。

❶包釦
❷立腳釦
❸兩孔釦
❹四孔釦
❺大鉤釦
❻暗釦
❼鉤釦

大型鉤釦縫製方法

搭配裙子或褲子，以粗縫線縫製固定。

上前片的腰帶　　下前片的腰帶

0.3
挑一針
鉤釦位置
上側腰帶・內側

1 從鉤角開始裝上。不明顯處先挑一針。縫線穿過洞孔。從邊端（中心）0.3cm處固定。

上側腰帶・內側

2 從外側洞孔入針，在穿過圓環線內拉緊即可。重複此步驟，放射狀前進。將三個洞孔均縫製固定。

上側腰帶・內側

珠針

下側腰帶外側　上側腰帶外側

3 決定縫製位置。調整完成後位置，中心以珠針固定。

0.3

下側腰帶外側

4 找到中心0.3cm位置，進行縫製。

小型鉤釦縫製方法

後中心接縫拉鍊時，在拉鍊上端裝上鉤釦輔助貼合。

鉤角側　　鉤環側

鉤角在右邊，鉤環在左邊。

對齊邊端

右身片（貼邊・正面）

1 從鉤角開始裝上。貼邊端（中心）決定鉤釦對合位置。不明顯處先挑一針。縫線穿過洞孔。從邊端（中心）0.3cm處固定。

右身片　　右身片

2 兩孔鉤釦同樣從外側入針，再穿過圓環線內拉緊即可。重複此步驟縫製固定。

突出0.2cm

左身片（貼邊・正面）

3 從鉤環開始裝上。貼邊端（中心）0.2cm處，依同樣方法縫製固定。

暗釦

不論是彩色或透明素材，尺寸都非常
豐富多樣的暗釦種類，但基本的縫製
方法是相同的。

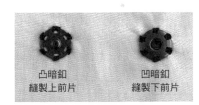

凸暗釦　　　　凹暗釦
縫製上前片　　縫製下前片

1 從凸釦開始裝上。凸釦洞孔插珠針，固
定至縫製位置。不明顯處先挑一針。縫
線穿過暗釦洞孔。

2 從外側洞孔插珠針，再穿過圓環線內拉
緊即可。

3 重複步驟，縫製所有洞孔。

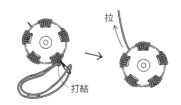

4 最後打結，縫線穿至暗釦下側後裁剪。

5 凹釦位置，對齊縫製位置押上凸釦，製
作凹痕。

釦子縫製方法

上前片會釦在布料釦子和釦腳之間，
製作釦腳厚度。較厚的布料，需要較
厚的縫線分量。

〈立腳釦〉

1 立腳釦穿進打結的縫線，縫針穿
過兩條縫線之間。

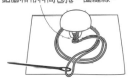

2 穿過布料約三次後，縫線穿過線
環後拉緊固定，背面出針打結，
從正面縫製處出針剪縫線。

〈兩孔釦〉

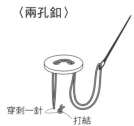

1 兩條縫線在釦子縫製
處挑一針，縫針穿過
釦孔。

2 同1步驟位置預留縫
線腳分量（0.5cm）
後拉線。重複三次左
右。

3 從上朝下縫線腳包捲
縫線縫製固定。

4 縫針穿過縫線環拉緊
固定。

5 背面出針打結，從正
面縫製處出針，剪斷
縫線。

手製釦眼滾邊

非常需要耐心的作業。善用手的力量均等製作釦眼,更有不同於一般釦眼的獨特設計效果。

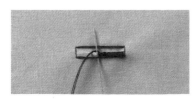

0.5〜0.6

1 周圍車縫,裁剪中央釦眼洞。

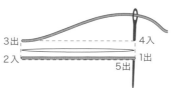

3出   4入
2入   1出
5出

2 依圖示順序,上下側縫長線。作為釦眼的基底。釦眼位置需在步驟1縫線內側。

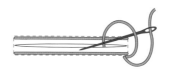

3 如圖所示穿出縫線,從釦眼洞穿進拉出縫線。

4 重複3釦眼步驟。為保持針目整齊,請完全覆蓋步驟1縫線。縫製邊端手縫兩條縫線,再直角包捲兩次縫線。

5 另一側也刺上毛邊繡,邊端最後從最初的縫線下穿過縫線。

6 如步驟4直條縫線縫上兩條縫線。

7 如步驟6縫線中心直角包捲兩次縫線。

縫紉機釦眼

家用縫紉機的功能,自動製作出整齊的釦眼。

1 壓布腳請換成釦眼專用壓布腳。設定需要的寬度。

2 邊角也OK,自動回針縫。

3 釦眼完成,內側穿線打結。

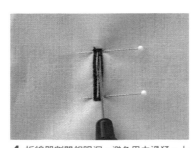

4 拆線器割開釦眼洞。避免用力過猛,上下插上珠針固定。

完成。

滾邊釦眼

最近不太在衣服款式上看到，最主要用在裝飾設計上。

 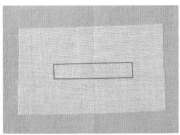

1 釦眼位置背面貼上黏著襯，作上記號。滾邊布邊緣進行Z字形車縫。

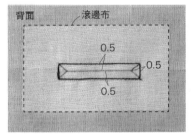

2 滾邊布正面相對疊合，沿完成線車縫兩次。描繪要裁切的線條。

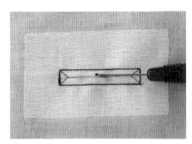

3 中央裁切。

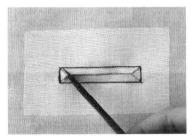

4 邊端裁剪成弓箭形狀。

5 正面相對疊合，從背面拉出。

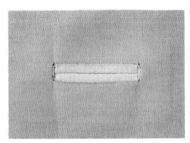

6 上下寬度均等，以熨斗熨燙整理。

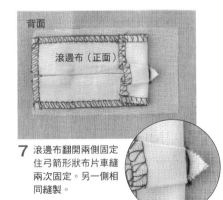

7 滾邊布翻開兩側固定住弓箭形狀布片車縫兩次固定。另一側相同縫製。

8 從正面落針縫。

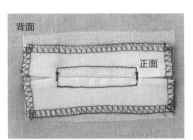

9 內側均等壓線。

83

補強

常常使用部位為避免破損，稍加補強的作法。

開叉補強

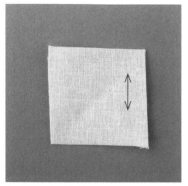

1 準備正方形布料。

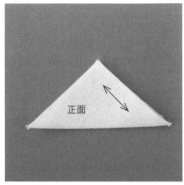

2 對角線摺疊。

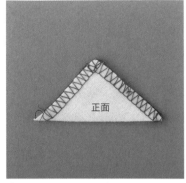

3 兩片一起進行Z字形車縫。

4 重疊至開叉止點，從背面以珠針固定。

5 壓住開叉。

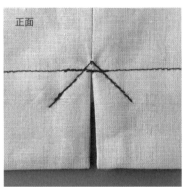

6 完成。為了便於解說辨識，選用了顏色明顯的別布。同身片布料就不會被發現。

口袋口補強

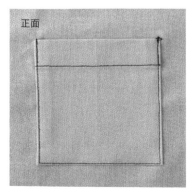

1 需回針縫一針至身片布上。

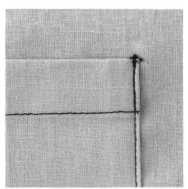

2 這樣可以加強牢固度。

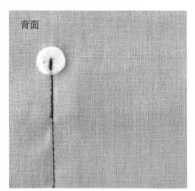

3 背面重疊上圓形不織布片，一起車縫會更加牢固。

釦子補強

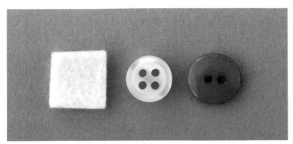

通常使用在大衣或西裝外套的釦子上，縫製釦子時背面一起縫上力釦。一般使用兩孔釦，但四孔釦補強效果更好。輕薄布料可以搭配不織布使用。

以不織布補強的釦子。　背面。

褲子股圍補強

較為薄透的褲子，可補強常常活動到的股圍處。

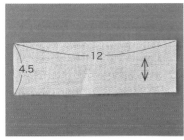

1 請準備圖示尺寸的長形布。推薦使用織目緊實的木棉布。

2 周圍摺疊1cm。

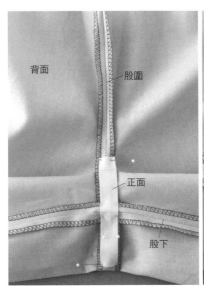
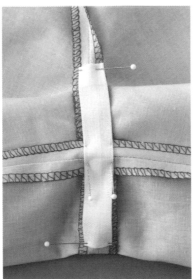
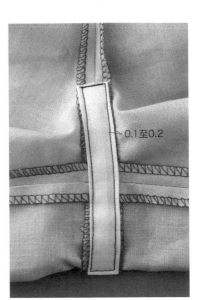

3 整理股圍縫份，布條上下、左右固定珠針。

4 車縫邊緣。縫線正面也會看到請車縫在股下等不顯眼處。

手縫

〈平針縫〉

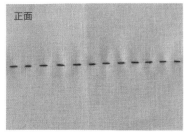 

將兩片布料縫合，是最基本的縫法。

〈半回針縫〉

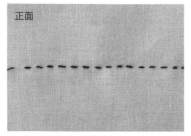 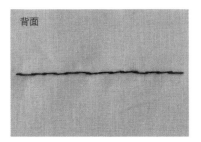

半針回針縫的方式縫製前進，比起平針縫
堅固。

〈全回針縫〉

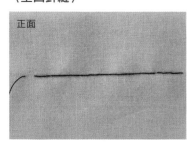 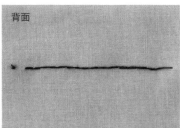

同縫線長度回針縫後繼續前進。雙重縫線
設計適合厚質地布料。

〈星止縫〉

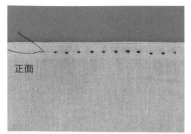 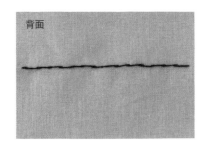 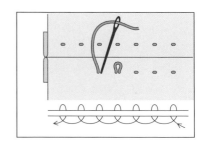

從正面只看得到一點縫線。適合厚質地素
材，避免縫份任意移動、固定拉鍊等用
途。

〈千鳥縫〉

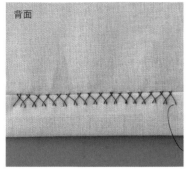

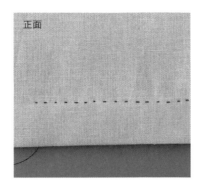

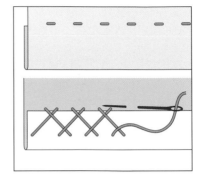

也可當作裝飾性的縫法。由左到右摺疊份內側縫製。

〈ㄇ字縫〉

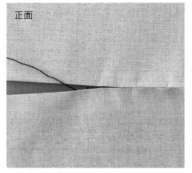

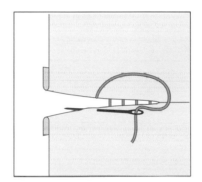

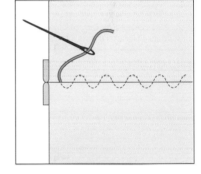

布料不需重疊，對齊縫合。縫製時正面看不到縫線。常運用在返口縫製。

〈補強縫〉

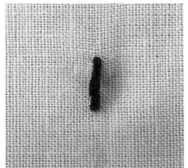

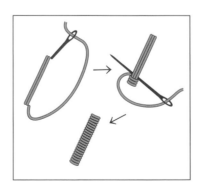

口袋口或開叉等易磨損的部位使用。日式裁縫上也常看到。

車縫蕾絲

〈梯形蕾絲〉

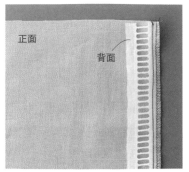

正面

背面

1 不論大人小孩很適合的清爽風蕾絲。布邊進行Z字形車縫，蕾絲正面相對疊合車縫。

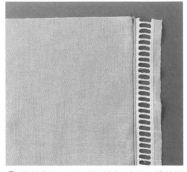

2 蕾絲翻至正面，縫份倒向布側。邊緣壓線。

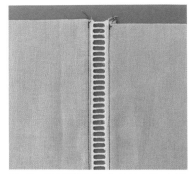

3 另一側布料邊端依相同方法車縫，壓線車縫。

〈隱藏縫線〉

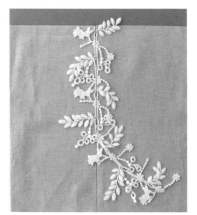

縫線隱藏在蕾絲花樣當中。中途車縫至縫線處，如圖片縫製也OK。

〈直線蕾絲〉

蕾絲蕊中心直接車縫固定。圖片蕾絲蕊在中心。

〈曲線蕾絲〉

沿著蕾絲圖案描繪曲線車縫。

〈縫製邊緣〉

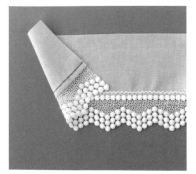

摺邊布邊壓線車縫。正面看得到壓線。

〈細褶邊緣〉

蕾絲抽細褶，疊合布邊縫製。從正面壓線車縫。

How to make
運用紙型製作作品

找到自己喜歡的紙型，

運用紙型製作不同款式，

一年四季均可搭配。

如果開始製作自己喜愛的款式，

一定可以體會其中的樂趣。

Lesson1 1-c

白色蕾絲燈籠袖上衣

→P.14

完成尺寸

　5號　　肩袖長45.5cm/下襬圍101cm

　7號　　肩袖長46cm/下襬圍105cm

　9號　　肩袖長46.5cm/下襬圍109cm

　11號　肩袖長47cm/下襬圍113cm

　13號　肩袖長47.5cm/下襬圍117cm

　15號　肩袖長48.2cm/下襬圍123cm

＊衣長均為55cm

材料

表布（棉質蕾絲布）寬90cm長190cm

別布（棉布・領圍斜布紋布）：50cm

鬆緊帶：寬2cm

紙型

Lesson1前片　Lesson1後片　Lesson1剪接片

完成圖

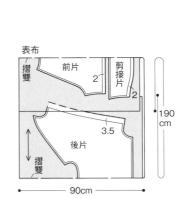

裁布圖

表布

別布

＊除指定處之外，縫份皆為1cm。

領圍斜布條尺寸　從左開始為5/7/9/11/13/15號

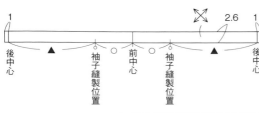

▲=19.9/20.1/20.3/20.5/20.7/21
○=8.2/8.3/8.4/8.5/8.6/8.7

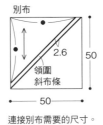

連接別布需要的尺寸。

1 1-a→p.17の3 # 2 1-a→p.17の4

3

領圍接縫斜布條

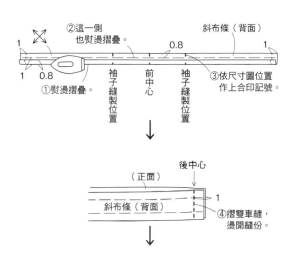

②這一側也熨燙摺疊。
斜布條（背面）
1
0.8
1
1
0.8
①熨燙摺疊。
袖子縫製位置
前中心
袖子縫製位置
③依尺寸圖位置作上合印記號。

後中心
（正面）
斜布條（背面）
1
④摺雙車縫，燙開縫份。

⑤領圍和斜布條正面相對疊合車縫。

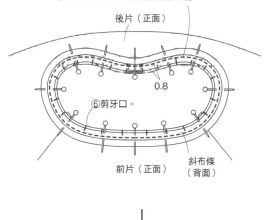

後片（正面）
0.8
⑥剪牙口。
前片（正面）
斜布條（背面）

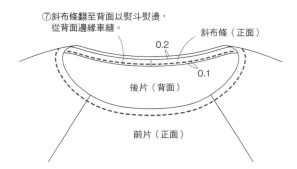

⑦斜布條翻至背面以熨斗熨燙，從背面邊緣車縫。
斜布條（正面）
0.2
0.1
後片（背面）
前片（正面）

4

製作鬆緊帶穿入口，從袖下至脇邊車縫

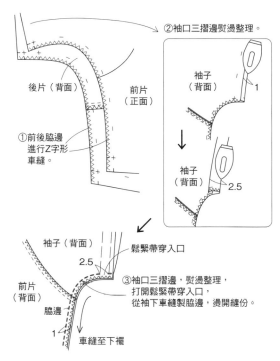

②袖口三摺邊熨燙整理。
後片（背面）
前片（正面）
①前後脇邊進行Z字形車縫。
袖子（背面）
1
袖子（背面）
2.5

袖子（背面）
2.5
前片（背面）
脇邊
1
鬆緊帶穿入口
③袖口三摺邊，熨燙整理，打開鬆緊帶穿入口，從袖下車縫製脇邊，燙開縫份。
車縫至下襬

5

車縫袖口，穿過鬆緊帶

①袖口三摺邊，熨燙整理，車縫袖口。

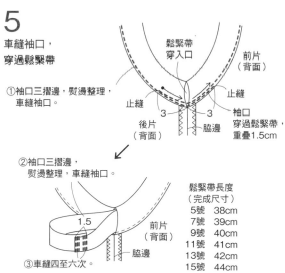

鬆緊帶穿入口
前片（背面）
止縫
止縫
3   3
後片（背面）
脇邊
袖口穿過鬆緊帶，重疊1.5cm

②袖口三摺邊，熨燙整理，車縫袖口。
1.5
前片（背面）
脇邊
③車縫四至六次。

鬆緊帶長度（完成尺寸）
5號　38cm
7號　39cm
9號　40cm
11號　41cm
13號　42cm
15號　44cm

6

車縫下襬

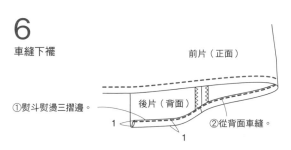

前片（正面）
後片（背面）
①熨斗熨燙三摺邊。
1
1
②從背面車縫。

Lesson1 1-d

秋冬羊毛素材製作荷葉袖連身裙

→P.15

完成尺寸

　5號　臀圍106cm/肩袖長45.5cm

　7號　臀圍110cm/肩袖長46cm

　9號　臀圍114cm/肩袖長46.5cm

11號　臀圍118cm/肩袖長47cm

13號　臀圍122cm/肩袖長47.5cm

15號　臀圍127cm/肩袖長48.2cm

＊衣長均為100m

材料

表布（羊毛素材）：寬148cm長270cm

黏著襯：寬90cm長30cm

市售釦環：1cm1個

釦子：直徑1.1cm1個

紙型

Lesson1前片　Lesson1後片

Lesson1-d前領圍貼邊

Lesson1-d後領圍貼邊

準備

・製作前片和後裙片、口袋布紙型。

・前後貼邊貼上黏著襯。

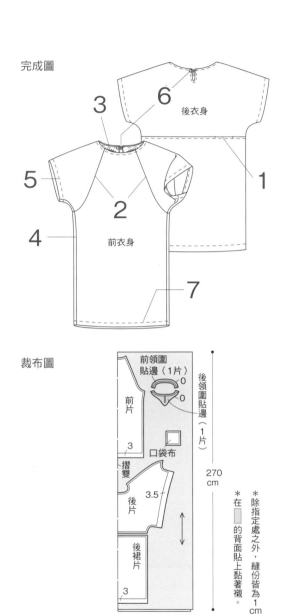

完成圖

後衣身

前衣身

裁布圖

前領圍貼邊（1片）

後領圍貼邊（1片）

前片

口袋布

摺雙

後片

3.5

後裙片

270cm

148cm

＊在 □ 的背面貼上黏著襯。

＊除指定處之外，縫份皆為1cm。

製作紙型

＊後片直接使用。

後剪接片

口袋位置

10　9

前剪接片

前片

前中心摺雙

後中心摺雙

口袋布

12

12

後裙片

65

53

1

右後接縫處裝上口袋，接縫後片和後裙片。
→P.75

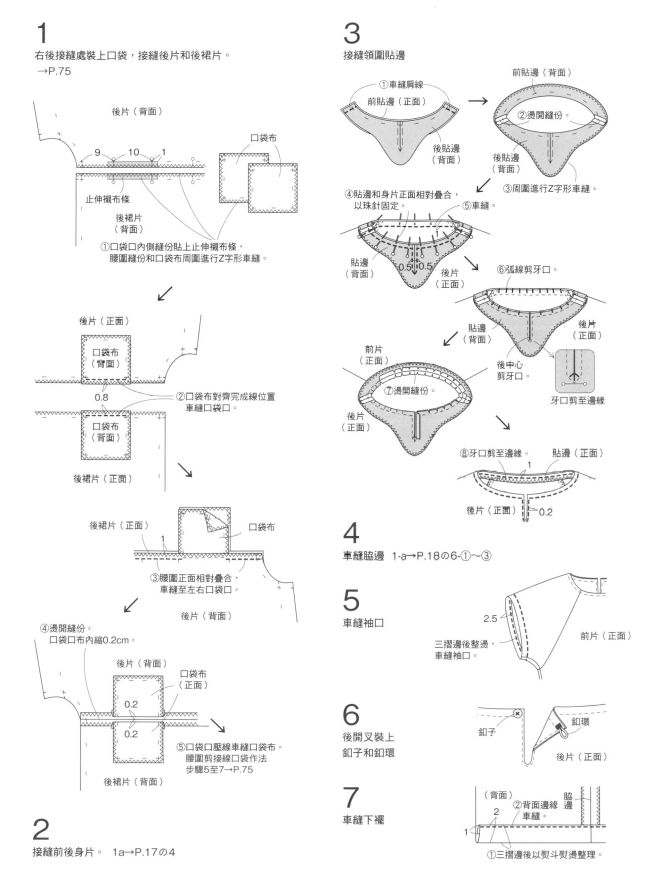

後片（背面）

9　10　1

止伸襯布條

後裙片
（背面）

口袋布

①口袋口內側縫份貼上止伸襯布條，
腰圍縫份和口袋布周圍進行Z字形車縫。

後片（正面）

口袋布
（背面）

0.8

口袋布
（背面）

後裙片（正面）

②口袋布對齊完成線位置
車縫口袋口。

後裙片（正面）

1

口袋布

③腰圍正面相對疊合，
車縫至左右口袋口。

後片（背面）

④燙開縫份。
口袋口布內縮0.2cm。

後片（背面）

口袋布
（正面）

0.2

0.2

後裙片（背面）

⑤口袋口壓線車縫口袋布。
腰圍剪接線口袋作法
步驟5至7→P.75

2

接縫前後身片。　1a→P.17の4

3

接縫領圍貼邊

①車縫肩線

前貼邊（正面）

後貼邊
（背面）

前貼邊（背面）

②燙開縫份。

後貼邊
（背面）

③周圍進行Z字形車縫。

④貼邊和身片正面相對疊合，
以珠針固定。

⑤車縫。

貼邊
（背面）

0.5　0.5

後片
（正面）

⑥弧線剪牙口。

貼邊
（背面）

後片
（正面）

前片
（正面）

⑦燙開縫份。

後片
（正面）

後中心
剪牙口。

牙口剪至邊緣

⑧牙口剪至邊緣。

貼邊（正面）

1

後片（正面）

0.2

4

車縫脇邊　1-a→P.18の6-①〜③

5

車縫袖口

2.5

前片（正面）

三摺邊後整燙，
車縫袖口。

6

後開叉裝上
釦子和釦環

釦子

釦環

後片（正面）

7

車縫下襬

（背面）

②背面邊緣
車縫。

脇
邊

2

1

①三摺邊後以熨斗熨燙整理。

93

Lesson2　2-b

亞麻丹寧長裙　裝飾拉鍊
→P.22

完成尺寸

5號　腰圍60cm/臀圍92cm

7號　腰圍64cm/臀圍96cm

9號　腰圍68cm/臀圍100cm

11號　腰圍72cm/臀圍104cm

13號　腰圍76cm/臀圍108cm

15號　腰圍81cm/臀圍113cm

＊裙長均為80cm

材料

表布（亞麻丹寧）：寬140cm長220cm

　　　（寬110cm長190cm）

黏著襯：寬90cm長30cm

拉鍊（復古加工）：20cm

鉤釦：1組

紙型

Lesson2前後裙片　Lesson2-b前後下襬片

Lesson2前後貼邊

1
製作貼邊，車縫脇邊　2-a→P.26～27の1至4

2
左脇裝上裝飾拉鍊　→P.68

3 4　2-a→P.28・29の7、8

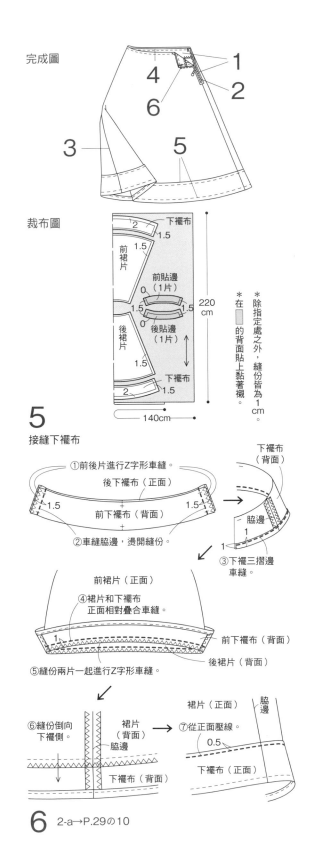

94

Lesson3 3-b

壓縮羊毛長褲

→P.31

完成尺寸

5號	腰圍60cm/臀圍90cm/褲長94.6cm
7號	腰圍64cm/臀圍94cm/褲長94.8cm
9號	腰圍68cm/臀圍98cm/褲長95cm
11號	腰圍72cm/臀圍102cm/褲長95.2cm
13號	腰圍76cm/臀圍106cm/褲長95.4cm
15號	腰圍81cm/臀圍111cm/褲長95.6cm

材料

表布（壓縮羊毛素材）：寬135cm長220cm
　　（寬110cm長260cm）

黏著襯：寬90cm長30cm

止伸襯布條：寬0.9cm長25cm

拉鍊：20cm1條

鉤釦：1組

紙型

Lesson3前片　Lesson3後片　Lesson3腰帶

Lesson3貼邊　Lesson3持出

Lesson3脇布・袋布

準備

・前後股下線和脇邊、後股上線進行Z字形車縫。

1

製作脇邊口袋　→P.72

2 3 4   3-a→P.32至35の1、2、3

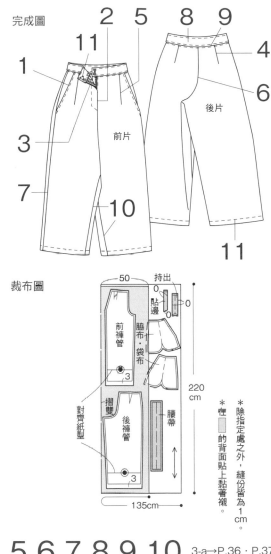

完成圖

前片

後片

裁布圖

持出

貼邊

前褲管

脇布・袋布

摺雙

對齊紙型

後褲管

腰帶

220 cm

135cm

50

＊ 除指定處之外，縫份皆為1cm。

＊ □ 的背面貼上黏著襯。

5 6 7 8 9 10   3-a→P.36・P.37

燙開脇邊縫份，腰帶壓線
下襬進行Z字形車縫
熨燙二摺邊3cm

步驟9，腰帶壓線。

腰帶布（正面）

0.5

0.5

褲子（正面）

11   3-a→P.37

下襬作法參考右圖

褲子（背面）

0.5

股下

3

Lesson2 2-c

羊毛素材雙滾邊釦眼一片裙

→P.23

完成圖

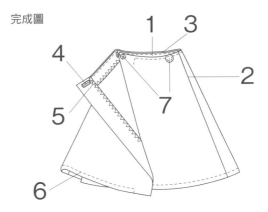

完成尺寸

5號　腰圍60cm/臀圍92cm

7號　腰圍64cm/臀圍96cm

9號　腰圍68cm/臀圍100cm

11號　腰圍72cm/臀圍104cm

13號　腰圍76cm/臀圍108cm

15號　腰圍81cm/臀圍113cm

＊裙長均為70cm

材料

表布（羊毛素材）：寬150cm長170cm

　　（寬110cm長270cm）

別布（羊毛‧雙滾邊釦眼用布）10×10cm

黏著襯：寬90cm長30cm

市售釦環：直徑2.1cm1組

釦子：直徑5cm1個

紙型

Lesson2前後裙片　Lesson2前後貼邊

準備

‧前後貼邊貼上黏著襯。

‧布邊進行Z字形車縫。

‧釦子位置作上記號。

裁布圖

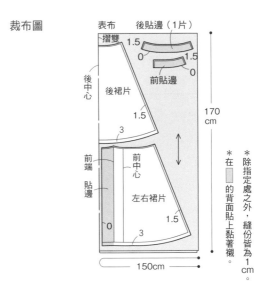

準備

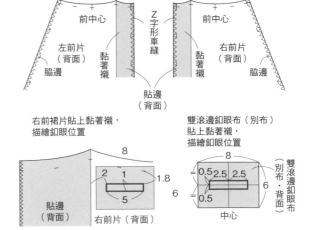

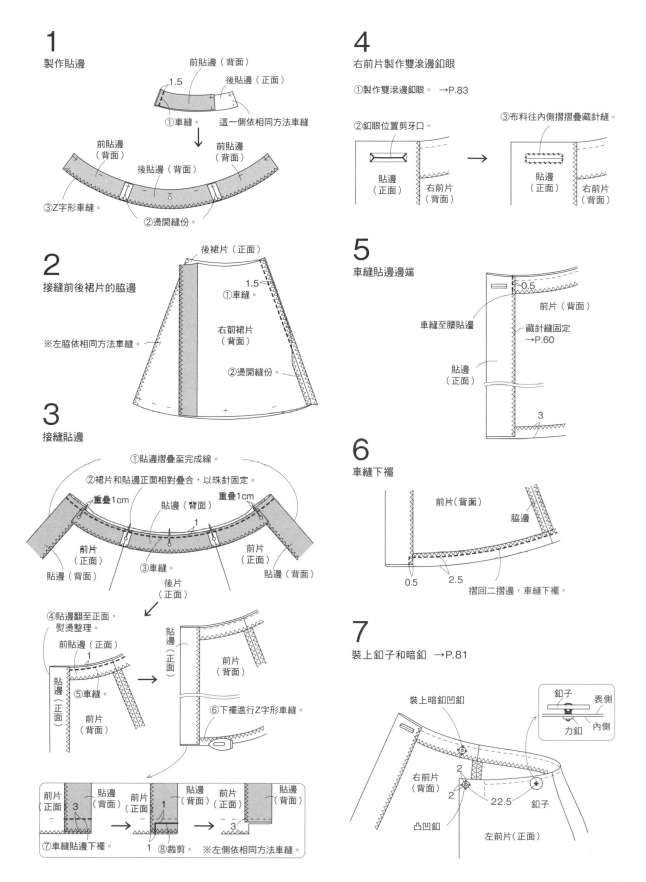

1

製作貼邊

前貼邊（背面）
後貼邊（正面）
1.5
①車縫。
這一側依相同方法車縫

前貼邊（背面）
後貼邊（背面）
前貼邊（背面）
③Z字形車縫。
②燙開縫份。

2

接縫前後裙片的脇邊

※左脇依相同方法車縫。

後裙片（正面）
1.5
①車縫。
右前裙片（背面）
②燙開縫份。

3

接縫貼邊

①貼邊摺疊至完成線。
②裙片和貼邊正面相對疊合，以珠針固定。
重疊1cm
貼邊（背面）
重疊1cm
1
前片（正面）
前片（正面）
貼邊（背面）
③車縫。
貼邊（背面）
後片（正面）

④貼邊翻至正面，熨燙整理。
前貼邊（正面）
1
貼邊（正面）
⑤車縫。
前片（正面）
貼邊（正面）
前片（背面）
⑥下襬進行Z字形車縫。

前片（正面） 3 貼邊（背面） → 前片（正面） 1 貼邊（背面） → 前片（正面） 3 貼邊（背面）
⑦車縫貼邊下襬。 1 ⑧裁剪。 ※左側依相同方法車縫。

4

右前片製作雙滾邊釦眼

①製作雙滾邊釦眼。 →P.83

②釦眼位置剪牙口。
貼邊（正面）
右前片（背面）
→
③布料往內側摺疊藏針縫。
貼邊（正面）
右前片（背面）

5

車縫貼邊邊端

0.5
前片（背面）
車縫至腰貼邊
藏針縫固定
→P.60
貼邊（正面）
3

6

車縫下襬

前片（背面）
脇邊
0.5
2.5
摺回二摺邊，車縫下襬。

7

裝上釦子和暗釦 →P.81

裝上暗釦凹釦
右前片（背面）
2
2
22.5
凸凹釦
左前片（正面）
釦子

釦子　表側
力釦　內側

Lesson2 2-d

加上蓬蓬裙內裡般的雙層細褶裙

→P.24

完成尺寸

5號	腰圍60cm/臀圍104cm
7號	腰圍64cm/臀圍108cm
9號	腰圍68cm/臀圍112cm
11號	腰圍72cm/臀圍116cm
13號	腰圍76cm/臀圍120cm
15號	腰圍81cm/臀圍125cm

＊裙長均為80cm

材料

表布（LIBERTY印花布）：寬112cm長180cm

裡布（棉質布）：寬112cm長200cm

止伸襯布條寬：150cm長50cm

拉鍊（隱形）：22cm

腰織帶：寬5cm

鉤釦：1組

紙型

Lesson2前後裙片

準備

・如圖所示，表布左脇貼上止伸襯布條
・如圖所示，裡布剪牙口位置貼上止伸襯布條
・表布、裡布脇邊進行Z字形車縫。

完成圖

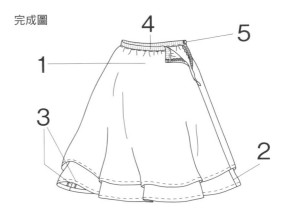

裁布圖

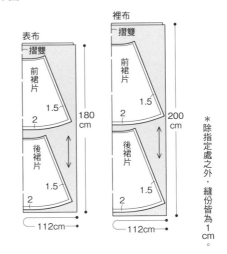

＊除指定處之外，縫份皆為1cm。

準備　表裡裙片貼上止伸襯布條

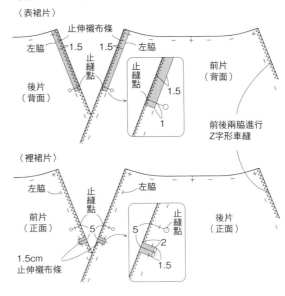

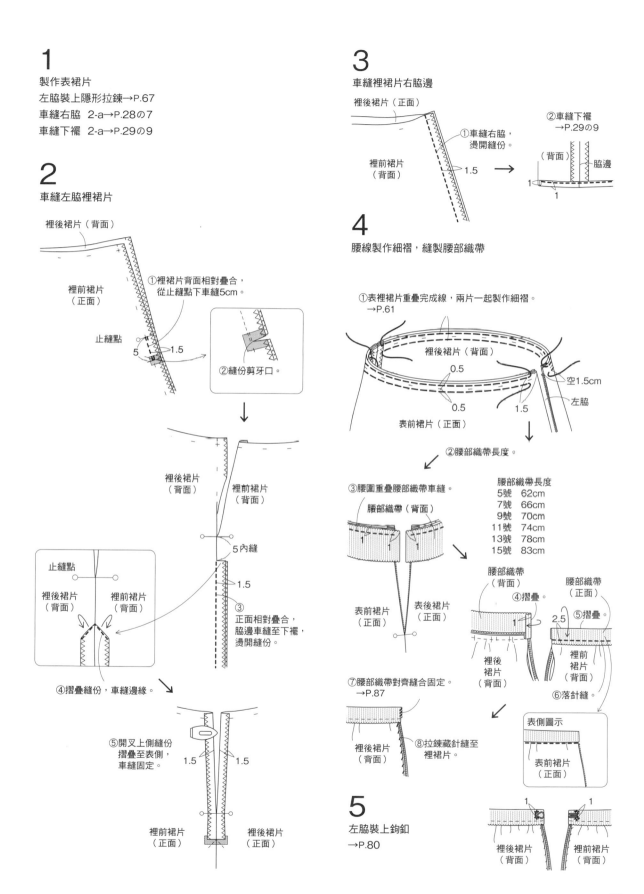

1

製作表裙片
左脇裝上隱形拉鍊→P.67
車縫右脇　2-a→P.28の7
車縫下襬　2-a→P.29の9

2

車縫左脇裡裙片

裡後裙片（背面）

①裡裙片背面相對疊合，
從止縫點下車縫5cm。

裡前裙片
（正面）

止縫點

5　1.5

②縫份剪牙口。

裡後裙片
（背面）

裡前裙片
（背面）

止縫點

裡後裙片
（背面）

裡前裙片
（背面）

5內縫

1.5

③正面相對疊合，
脇邊車縫至下襬，
燙開縫份。

④摺疊縫份，車縫邊緣。

⑤開叉上側縫份
摺疊至表側，
車縫固定。

1.5　1.5

裡前裙片
（正面）

裡後裙片
（正面）

3

車縫裡裙片右脇邊

裡後裙片（正面）

①車縫右脇，
燙開縫份。

裡前裙片
（背面）

1.5

②車縫下襬
→P.29の9

（背面）　脇邊

1

1

4

腰線製作細褶，縫製腰部織帶

①表裡裙片重疊完成線，兩片一起製作細褶。
→P.61

裡後裙片（背面）

0.5

0.5

空1.5cm

左脇

1.5

表前裙片（正面）

②腰部織帶長度。

③腰圍重疊腰部織帶車縫。

腰部織帶（背面）

1

表前裙片
（正面）

表後裙片
（正面）

腰部織帶長度	
5號	62cm
7號	66cm
9號	70cm
11號	74cm
13號	78cm
15號	83cm

腰部織帶
（背面）

④摺疊。

1

裡後
裙片
（背面）

腰部織帶
（正面）

2.5　⑤摺疊。

裡前
裙片
（背面）

⑥落針縫。

⑦腰部織帶對齊縫合固定。
→P.87

裡後裙片
（背面）

⑧拉鍊藏針縫至
裡裙片。

表側圖示

表前裙片
（正面）

5

左脇裝上鈎釦
→P.80

1　　1

裡後裙片
（背面）

裡前裙片
（背面）

Lesson2　2-e

迷彩印花風素材的鬆緊帶細褶裙

→P.25

完成圖

裁布圖

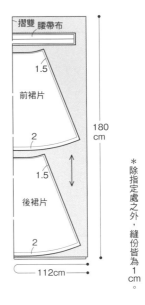

完成尺寸

5號	腰圍84cm/臀圍104cm
7號	腰圍88cm/臀圍108cm
9號	腰圍92cm/臀圍112cm
11號	腰圍96cm/臀圍116cm
13號	腰圍100cm/臀圍120cm
15號	腰圍105cm/臀圍125cm

＊裙長均為70cm

＊腰圍為未加鬆緊帶的尺寸

材料

表布（LIBERTY印花布）：寬112cm長180cm

黏著襯：3×10cm

鬆緊帶：寬2cm

圓繩：直徑0.7cm

紙型

Lesson2前後裙片

準備

・製作腰圍布紙型。

製作紙型

腰帶布尺寸　　　　　從左邊開始為5/7/9/11/13/15號

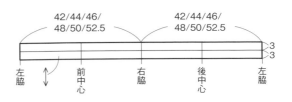

1

製作腰帶布

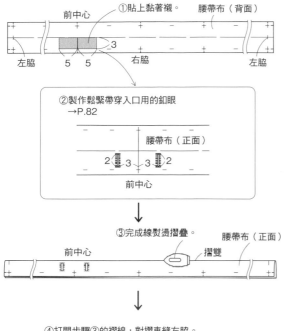

①貼上黏著襯。　前中心　腰帶布（背面）

左脇　5　5　右脇　3　左脇

②製作鬆緊帶穿入口用的釦眼
→P.82

腰帶布（正面）
2　3　3　2
前中心

③完成線熨燙摺疊。　腰帶布（正面）

前中心　摺雙

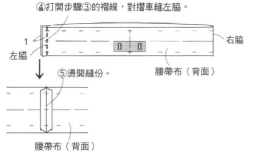

④打開步驟③的褶線，對摺車縫左脇。

1　左脇　右脇

腰帶布（背面）

⑤燙開縫份。

腰帶布（背面）

2

車縫裙片脇邊

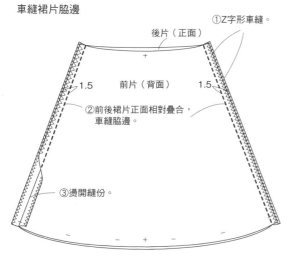

①Z字形車縫。

後片（正面）

1.5　前片（背面）　1.5

②前後裙片正面相對疊合，
車縫脇邊。

③燙開縫份。

3

接縫腰帶布

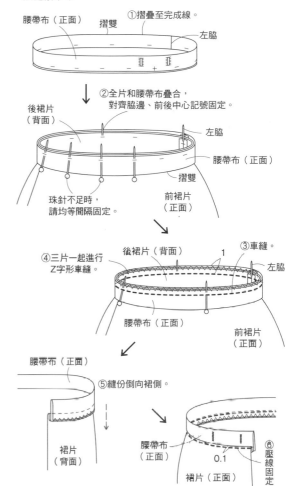

腰帶布（正面）　摺雙

①摺疊至完成線。　左脇

②全片和腰帶布疊合，
對齊脇邊、前後中心記號固定。

後裙片（背面）　左脇

腰帶布（正面）

摺雙

珠針不足時，
請均等間隔固定。

前裙片（正面）

④三片一起進行
Z字形車縫。

後裙片（背面）　③車縫。

1　左脇

腰帶布（正面）

前裙片（正面）

腰帶布（正面）

⑤縫份倒向裙側。

裙片（背面）

腰帶布（正面）

0.1

裙片（正面）

⑥壓線固定。

4

腰帶布穿過鬆緊帶，穿過圓繩

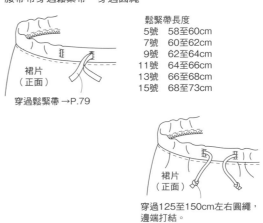

裙片（正面）

穿過鬆緊帶 →P.79

鬆緊帶長度	
5號	58至60cm
7號	60至62cm
9號	62至64cm
11號	64至66cm
13號	66至68cm
15號	68至73cm

裙片（正面）

穿過125至150cm左右圓繩，
邊端打結。

5

2-a→P.29の9

Lesson4 4-b

蕾絲袖口設計，清爽優雅的連身裙

→P.40

完成圖

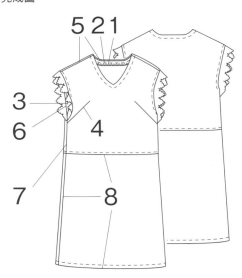

完成尺寸

5號　胸圍95cm/肩袖長29.1cm

7號　胸圍99cm/肩袖長29.3cm

9號　胸圍103cm/肩袖長29.5cm

11號　胸圍107cm/肩袖長29.7cm

13號　胸圍111cm/肩袖長29.9cm

15號　胸圍116cm/肩袖長30.2cm

＊衣長均為107cm

材料

表布（亞麻提花布）：寬145cm長180cm

　　（寬110cm長250cm）

黏著襯：寬90cm長100cm

蕾絲：寬5至6cm長150cm

紙型

Lesson4前片　Lesson4後片

Lesson4前後裙片　Lesson4前領圍貼邊

Lesson4後領圍貼邊　Lesson4袖襱貼邊

準備

・前後領圍貼邊、袖襱貼邊貼上黏著襯。

・前後身片肩線和後片脇邊進行Z字形車縫。

裁布圖

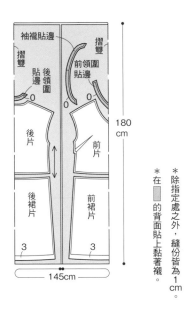

準備

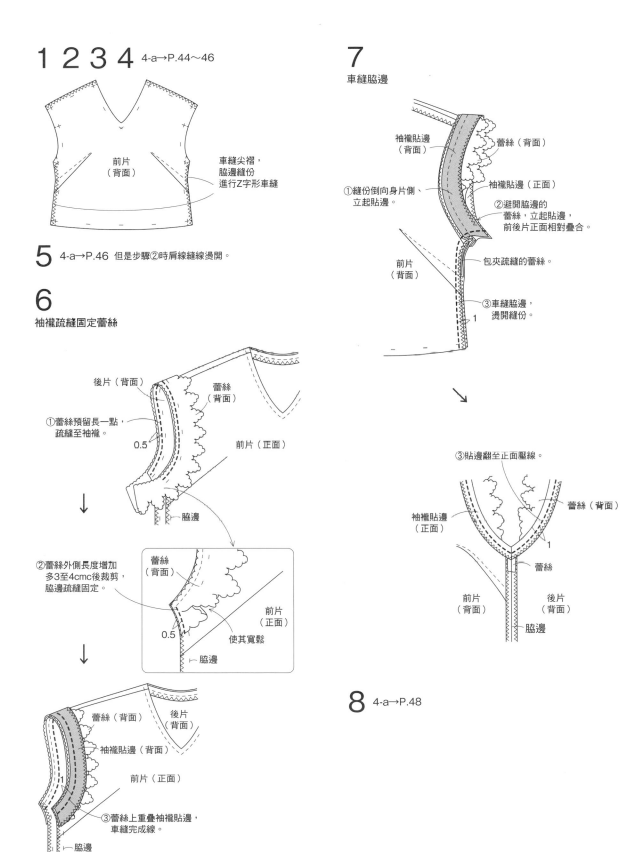

1 2 3 4 4-a→P.44~46

前片
（背面）

車縫尖褶，
脇邊縫份
進行Z字形車縫

5 4-a→P.46 但是步驟②時肩線縫線燙開。

6

袖襱疏縫固定蕾絲

後片（背面）

蕾絲
（背面）

①蕾絲預留長一點，
疏縫至袖襱。

0.5

前片（正面）

脇邊

②蕾絲外側長度增加
多3至4cmc後裁剪，
脇邊疏縫固定。

蕾絲
（背面）

前片
（正面）

0.5

使其寬鬆

脇邊

蕾絲（背面）

後片
（背面）

袖襱貼邊（背面）

前片（正面）

1

③蕾絲上重疊袖襱貼邊，
車縫完成線。

脇邊

7

車縫脇邊

袖襱貼邊
（背面）

蕾絲（背面）

袖襱貼邊（正面）

①縫份倒向身片側、
立起貼邊。

②避開脇邊的
蕾絲，立起貼邊，
前後片正面相對疊合。

前片
（背面）

包夾疏縫的蕾絲。

③車縫脇邊，
燙開縫份。

1

③貼邊翻至正面壓線。

袖襱貼邊
（正面）

蕾絲（背面）

1

蕾絲

前片
（背面）

後片
（背面）

脇邊

8 4-a→P.48

103

Lesson4 4-c

燈籠袖和細褶裙、迷人蕾絲連身裙

→P.41

完成圖

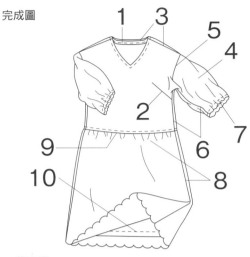

完成尺寸

5號　胸圍95cm/肩袖長67.3cm

7號　胸圍99cm/肩袖長68.3cm

9號　胸圍103cm/肩袖長69cm

11號　胸圍107cm/肩袖長60.7cm

13號　胸圍111cm/肩袖長70.4cm

15號　胸圍116cm/肩袖長71.3cm

＊衣長均為107cm

〈襯裙〉

7至9號　臀圍106cm

11至15號　臀圍118cm

＊裙長均為58cm

材料

表布（單側波浪刺繡棉質蕾絲、使用橫布紋）：寬95m長380cm

　　（寬110cm（橫布紋）長300cm）

別布（襯裙使用）：

5至9號寬110cm長70cm・11至15號長140cm

鬆緊帶：寬1.2cm適量

紙型

Lesson4前片　Lesson4後片

Lesson4前後裙片　Lesson4前領圍貼邊

Lesson4後領圍貼邊　Lesson4燈籠袖

準備

・前後領圍貼邊貼上黏著襯。

・製作前後裙片紙型。

裁布圖

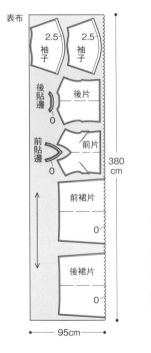

製作紙型

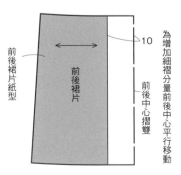

1

製作領圍貼邊

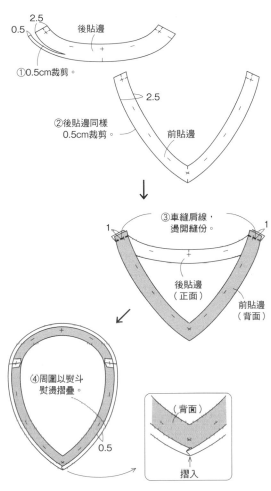

2.5
0.5
後貼邊
①0.5cm裁剪。

2.5
②後貼邊同樣
0.5cm裁剪。
前貼邊

③車縫肩線，
邊開縫份。
1
1

後貼邊
（正面）
前貼邊
（背面）

④周圍以熨斗
熨燙摺疊。

0.5

（背面）

摺入

2

車縫尖褶　4-a→P.45～46の4

3

車縫肩線接縫領圍貼邊

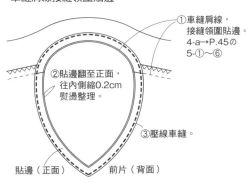

①車縫肩線，
接縫領圍貼邊。
4-a→P.45の
5-①～⑥

②貼邊翻至正面，
往內側縮0.2cm
熨燙整理。

③壓線車縫。

貼邊（正面）　前片（背面）

4

製作袖子

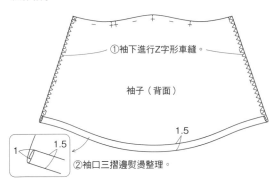

①袖下進行Z字形車縫。

袖子（背面）

1.5

1　1.5

②袖口三摺邊熨燙整理。

5

接縫袖子

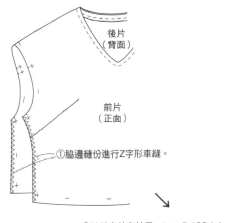

後片
（背面）

前片
（正面）

①脇邊縫份進行Z字形車縫。

②接縫身片和袖子　4-e→P.109の4

6

袖下至脇邊車縫

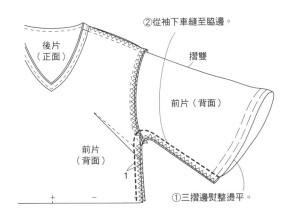

②從袖下車縫至脇邊。

後片
（正面）

摺雙

前片（背面）

前片
（背面）

1

①三摺邊熨燙整平。

7

車縫袖口，穿過鬆緊帶

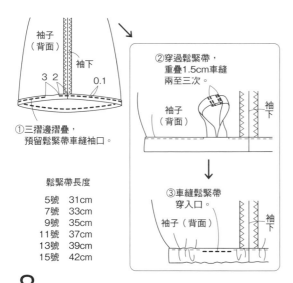

袖子
（背面）

袖下

3 2 0.1

①三摺邊摺疊，
　預留鬆緊帶車縫袖口。

②穿過鬆緊帶，
　重疊1.5cm車縫
　兩至三次。

袖子
（背面）

袖下

③車縫鬆緊帶
　穿入口。

袖子（背面）

袖下

鬆緊帶長度

號	長度
5號	31cm
7號	33cm
9號	35cm
11號	37cm
13號	39cm
15號	42cm

8

製作裙片

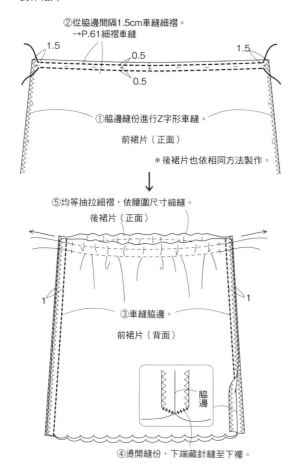

②從脇邊間隔1.5cm車縫細褶。
　→P.61細褶車縫

1.5 0.5 1.5

0.5

①脇邊縫份進行Z字形車縫。

前裙片（正面）

＊後裙片也依相同方法製作。

⑤均等抽拉細褶，依腰圍尺寸縮縫。

後裙片（正面）

③車縫脇邊。

前裙片（背面）

1 1

脇邊

④燙開縫份，下端藏針縫至下襬。

9

接縫身片和裙片

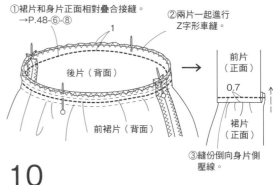

①裙片和身片正面相對疊合接縫。
　→P.48-⑥-⑧

②兩片一起進行
　Z字形車縫。

後片（背面）

前裙片（背面）

前片
（正面）

0.7

裙片
（正面）

③縫份倒向身片側
　壓線。

10

製作襯裙

襯裙尺寸

＊黑色文字5至9號、紅色文字11至15號、黑色數字全尺寸共通

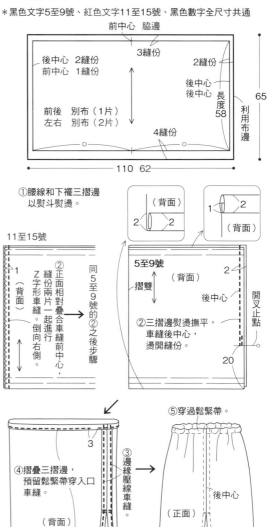

前中心　脇邊

3縫份

後中心　2縫份
前中心　1縫份

2縫份

後中心
後中心　　長度
　　　　　58

65

利用布邊

前後　別布（1片）
左右　別布（2片）

4縫份

110 62

①腰線和下襬三摺邊
　以熨斗熨燙。

（背面）
2 2

1 2
（背面）

11至15號

1
（背面）

②正面相對疊合車縫前中心，縫份兩片一起進行Z字形車縫。倒向右側。

同5至9號的②之後步驟

5至9號

（背面）

摺雙

2

後中心

②三摺邊熨燙撫平，
　車縫後中心，
　燙開縫份。

開叉止點

20

④摺疊三摺邊，
　預留鬆緊帶穿入口
　車縫。

（背面）

3

③邊緣壓線車縫。

⑤穿過鬆緊帶。

後中心

（正面）

Lesson4 4-d

袖口布設計直袖，後開叉連身裙

→P.42

完成尺寸

5號　胸圍95cm/肩袖長71.1cm

7號　胸圍99cm/肩袖長71.8cm

9號　胸圍103cm/肩袖長72.5cm

11號　胸圍107cm/肩袖長73.2cm

13號　胸圍111cm/肩袖長73.9cm

15號　胸圍116cm/肩袖長74.8cm

＊衣長均為107cm

材料

表布（亞麻布）：寬140cm長220cm

　　（寬110cm長340cm）

黏著襯：寬90cm長60cm

釦子：直徑1.3cm11個

紙型

Lesson4前片　Lesson4後片

Lesson4前後裙片　Lesson4前領圍貼邊

Lesson4-d後領圍貼邊　Lesson4直袖

Lesson4袖口　Lesson4袖口貼邊

準備

·前後領圍貼邊、袖口布貼上黏著襯。

·袖口貼邊、貼邊貼上黏著襯，貼邊進行Z字形車縫。

·前後身片肩、前後裙片脇邊、袖下、後身片脇邊
　進行Z字形車縫。

完成圖

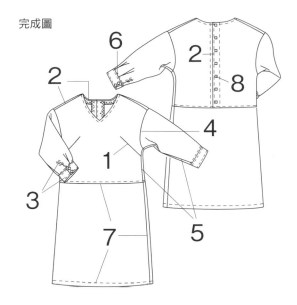

裁布圖

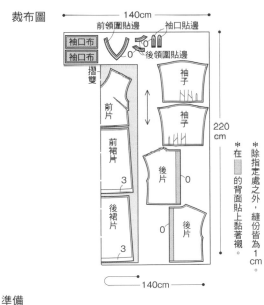

準備

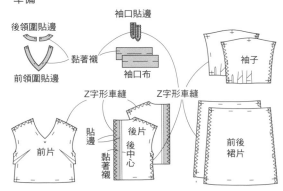

1

車縫尖褶 →P.45、46の4

2

車縫肩線，接縫領圍

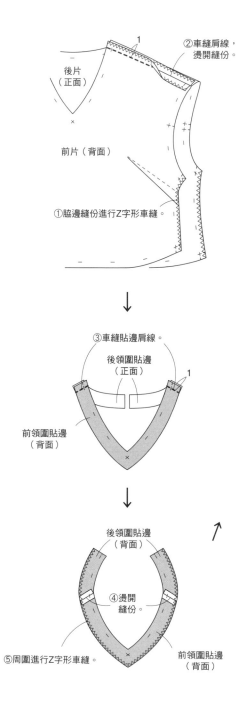

②車縫肩線，
燙開縫份。

後片
（正面）

前片（背面）

①脇邊縫份進行Z字形車縫。

③車縫貼邊肩線。

後領圍貼邊
（正面）

前領圍貼邊
（背面）

後領圍貼邊
（背面）

④燙開
縫份

⑤周圍進行Z字形車縫。

前領圍貼邊
（背面）

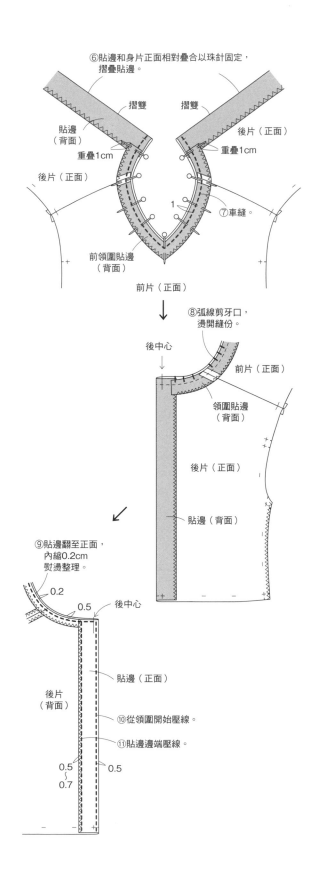

⑥貼邊和身片正面相對疊合以珠針固定，
摺疊貼邊。

摺雙　　摺雙

貼邊
（背面）

重疊1cm

後片（正面）

後片（正面）

重疊1cm

1

⑦車縫。

前領圍貼邊
（背面）

前片（正面）

⑧弧線剪牙口，
燙開縫份。

後中心

前片（正面）

領圍貼邊
（背面）

後片（正面）

貼邊（背面）

⑨貼邊翻至正面，
內縮0.2cm
熨燙整理。

0.2

0.5

後中心

貼邊（正面）

後片
（背面）

⑩從領圍開始壓線。

⑪貼邊邊端壓線。

0.5
～
0.7

0.5

108

3

製作袖口開叉、袖口布

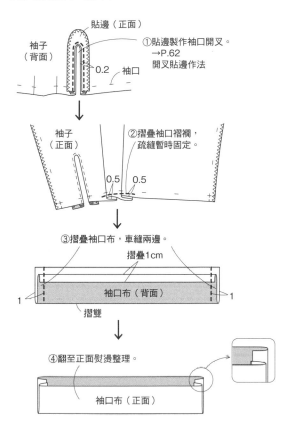

貼邊（正面）

袖子（背面）

0.2　袖口

①貼邊製作袖口開叉。
→P.62
開叉貼邊作法

袖子（正面）

②摺疊袖口褶襉，疏縫暫時固定。

0.5　0.5

③摺疊袖口布，車縫兩邊。

摺疊1cm

袖口布（背面）

1　　　1

摺雙

④翻至正面熨燙整理。

袖口布（正面）

4

接縫袖子

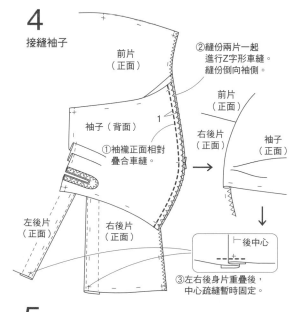

前片（正面）

②縫份兩片一起進行Z字形車縫。縫份倒向袖側。

前片（正面）

袖子（背面）

1

右後片（正面）

袖子（正面）

①袖襱正面相對疊合車縫。

左後片（正面）

右後片（正面）

後中心

③左右後身片重疊後，中心疏縫暫時固定。

5

從袖下車縫脇邊 4-c→P.105の6

6

接縫袖口布

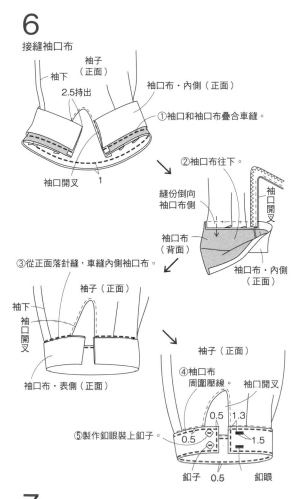

袖下

袖子（正面）

2.5持出

袖口布・內側（正面）

①袖口和袖口布疊合車縫。

袖口開叉

1

②袖口布往下。

縫份倒向袖口布側

袖口布（背面）

袖口開叉

袖口布・內側（正面）

③從正面落針縫，車縫內側袖口布。

袖下

袖口開叉

袖子（正面）

袖口布・表側（正面）

袖子（正面）

④袖口布周圍壓線。

袖口開叉

0.5　1.3

⑤製作釦眼裝上釦子。

0.5　　1.5

釦子　0.5　釦眼

7

製作裙片，接縫身片 4-a→P.48の8

8

後開叉製作釦眼
裝上釦子

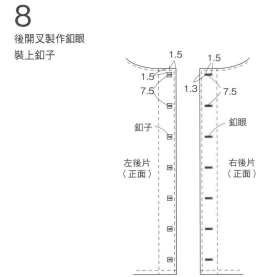

1.5　　1.5

1.5　1.3　7.5

7.5

釦子　　釦眼

左後片（正面）　右後片（正面）

Lesson4　4-e

善用連身裙紙型製作上衣

→P.43

完成尺寸

5號　胸圍95cm/肩袖長59.6cm

7號　胸圍99cm/肩袖長60.3cm

9號　胸圍103cm/肩袖長61cm

11號　胸圍108cm/肩袖長61.7cm

13號　胸圍107cm/肩袖長62.4cm

15號　胸圍112cm/肩袖長63.3cm

＊衣長均為50cm

材料

表布（亞麻布）：寬140cm長120cm

　　（寬110cm長180cm）

黏著襯：寬90cm長30cm

市售釦環：1cm1個

釦子：直徑1.1cm1個

紙型

Lesson4前片　Lesson4後片

Lesson4前領圍貼邊

Lesson4後領圍貼邊

Lesson4直袖

準備

・前後領圍貼邊貼上黏著襯。

完成圖

裁布圖

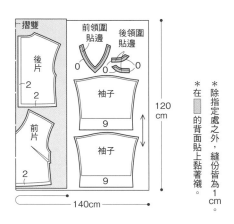

＊在 的背面貼上黏著襯。

＊除指定處之外，縫份皆為1cm。

準備

前領圍貼邊　黏著襯　後領圍貼邊

1

車縫尖褶

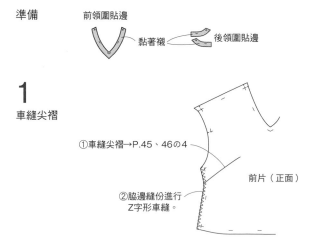

①車縫尖褶→P.45、46の4

②脇邊縫份進行Z字形車縫。

前片（正面）

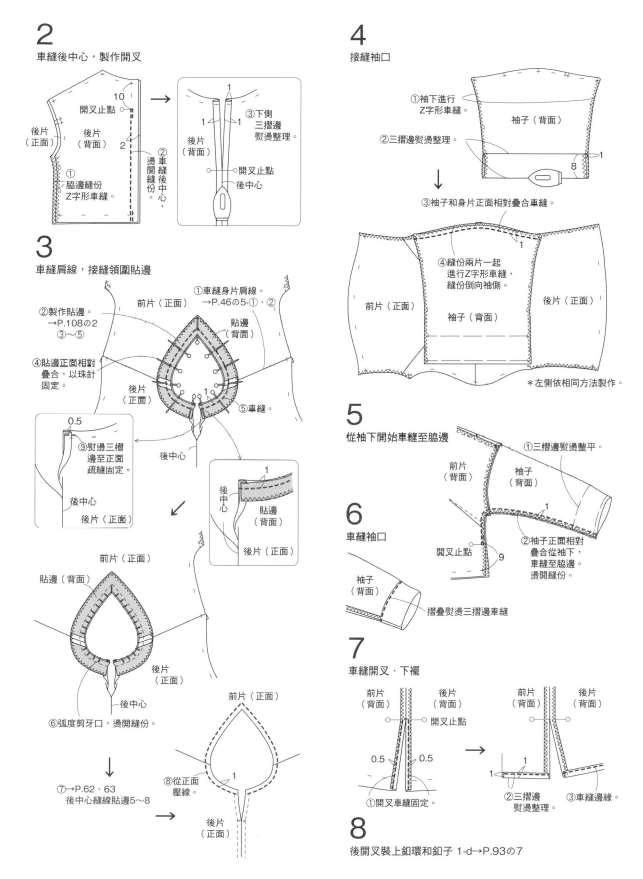

2
車縫後中心，製作開叉

10
開叉止點
後片（正面）
後片（背面）
2
①脇邊縫份Z字形車縫。
②車縫後中心，燙開縫份。

1
1　1
③下側三摺邊熨燙整理。
後片（背面）
開叉止點
後中心

3
車縫肩線，接縫領圍貼邊

①車縫身片肩線。→P.46の5-①、②
②製作貼邊。→P.108の2 ③〜⑤
④貼邊正面相對疊合，以珠針固定。
前片（正面）
貼邊（背面）
後片（正面）
1
⑤車縫。
後中心

0.5
③熨燙三摺邊至正面疏縫固定。
後中心
後片（正面）

後中心
1
貼邊（背面）
後片（正面）

前片（正面）
貼邊（背面）
後片（正面）
後中心
⑥弧度剪牙口，燙開縫份。

前片（正面）
1
⑧從正面壓線。
後片（正面）

⑦→P.62、63
後中心縫線貼邊5〜8

4
接縫袖口

①袖下進行Z字形車縫。
②三摺邊熨燙整理。
袖子（背面）
8　1
③袖子和身片正面相對疊合車縫。

前片（正面）
④縫份兩片一起進行Z字形車縫，縫份倒向袖側。
1
袖子（背面）
後片（正面）
＊左側依相同方法製作。

5
從袖下開始車縫至脇邊

①三摺邊熨燙整平。
前片（背面）
袖子（背面）
開叉止點
9
1
②袖子正面相對疊合從袖下，車縫至脇邊。燙開縫份。

6
車縫袖口

袖子（背面）
摺疊熨燙三摺邊車縫

7
車縫開叉・下襬

前片（背面）
後片（背面）
開叉止點
0.5　0.5
①開叉車縫固定。

前片（背面）
後片（背面）
1　1
②三摺邊熨燙整理。
③車縫邊緣。

8
後開叉裝上釦環和釦子 1-d→P.93の7

Sewing 縫紉家28

輕鬆學手作服設計課
4款版型作出16種變化

作　　者／香田あおい
譯　　者／洪鈺惠
發 行 人／詹慶和
總 編 輯／蔡麗玲
執行編輯／劉蕙寧
編　　輯／蔡毓玲・黃璟安・陳姿伶・李佳穎・李宛真
執行美編／周盈汝
美術編輯／陳麗娜・韓欣恬
內頁排版／造　極
出 版 者／雅書堂文化事業有限公司
發 行 者／雅書堂文化事業有限公司
郵撥帳號／18225950
戶　　名／雅書堂文化事業有限公司
地　　址／新北市板橋區板新路206號3樓
電　　話／(02)8952-4078
傳　　真／(02)8952-4084
網　　址／www.elegantbooks.com.tw
電子郵件／elegant.books@msa.hinet.net

2018年4月初版一刷　定價420元

KISO NO SEWING LESSON KODA AOI GA TSUKURINAGARA OSHIERU
Copyright © Aoi Koda 2017
All rights reserved.
Original Japanese edition published in Japan by EDUCATIONAL
FOUNDATION BUNKAGAKUEN BUNKA PUBLISHING BUREAU.
Chinese (in complex character) translation rights arranged with
EDUCATIONAL FOUNDATION BUNKA GAKUEN BUNKA PUBLISHING
BUREAU
through KEIO CULTURAL ENTERPRISE CO., LTD.

經銷／易可數位行銷股份有限公司
地址／新北市新店區寶橋路235巷6弄3號5樓
電話／(02)8911-0825
傳真／(02)8911-0801

香田あおい

在服裝公司任職設計師及打版師後獨立。2006年成立以服裝、包包、生活雜貨等亞麻素材為主的縫紉教室LaLaSewung，以正確縫紉技術和獨自的技巧，教導大家簡單輕鬆的製作方式。教室名稱LaLa為愛犬的名字。2013年縫紉教室結合布料店推出LaLaSewung et Kiyasu。2015年也開始進口英國品牌MERCHANT&MILLS的縫紉器具、布料等。著有《縫紉書》、《決定版型製作縫紉》、《開始縫紉吧》、《簡單禮服製作》、《時尚卻簡單的7大縫紉技巧 製作亞麻、羊毛服》、《製作洗練簡單的服裝》、《香田あおい的紙型教室 春夏服裝》、《香田あおい的紙型教室 秋冬服裝》等書（均為文化出版局出版）。

〔STAFF〕

封面設計／岡山とも子

攝影 ／有賀傑（插圖）
　　　　安田如水（製作方法解說・教室）（文化出版局）

造型／串尾広枝

髮型＆化妝／橘地美香子

模特兒／アンジェラ

編輯協力／デジタルトレース　しかのるーむ

紙型／上野和博

紙型配置／近藤博子

作品製作協力／田中芳美・中西直美・原田紗希・アトリエユーバン

校閱／向井雅子

編輯／宮崎由紀子・平山伸子（文化出版局）

發行人／大沼淳

國家圖書館出版品預行編目(CIP)資料

輕鬆學手作服設計課・4款版型作出16種變化/香田
あおい著; 洪鈺惠譯.
-- 初版. – 新北市 : 雅書堂文化, 2018.4
　　面；　公分. -- (Sewing縫紉家; 28)
ISBN 978-986-302-424-8 (平裝)
1.縫紉 2.衣飾 3.手工藝

426.3　　　　　　　　　　　　　　　107004728

Sewing Lesson

縫紉家 Sewing

Happy Sewing
快樂裁縫師

SEWING縫紉家01
全圖解裁縫聖經
授權：BOUTIQUE-SHA
定價：1200元
21×26cm・626頁・雙色

SEWING縫紉家02
手作服基礎班：
畫紙型＆裁布技巧book
作者：水野佳子
定價：350元
19×26cm・96頁・彩色

SEWING縫紉家03
手作服基礎班：
口袋製作基礎book
作者：水野佳子
定價：320元
19×26cm・72頁・彩色＋單色

SEWING縫紉家04
手作服基礎班：
從零開始的縫紉技巧book
作者：水野佳子
定價：380元
19×26cm・132頁・彩色＋單色

SEWING縫紉家05
手作達人縫紉筆記：
手作服這樣作就對了
作者：月居良子
定價：380元
19×26cm・96頁・彩色＋單色

SEWING縫紉家06
輕鬆學會機縫基本功
作者：栗田佐穗子
定價：380元
21×26cm・128頁・彩色＋單色

SEWING縫紉家07
Coser必看の
CosPlay手作服×道具製作術
授權：日本ヴォーグ社
定價：480元
21×29.7cm・96頁・彩色＋單色

SEWING縫紉家08
實穿好搭の
自然風洋裝＆長版衫
作者：佐藤ゆうこ
定價：320元
21×26cm・80頁・彩色＋單色

SEWING縫紉家09
365日都百搭！穿出線條の
may me 自然風手作服
作者：伊藤みちよ
定價：350元
21×26cm・80頁・彩色＋單色

SEWING縫紉家10
親手作の
簡單優雅款白紗＆晚禮服
授權：Boutique-sha
定價：580元
21×26cm・88頁・彩色＋單色

SEWING縫紉家11
休閒＆聚會都ok！穿出style
のMay Me大人風手作服
作者：伊藤みちよ
定價：350元
21×26cm・80頁・彩色＋單色

SEWING縫紉家12
Coser必看の
CosPlay手作服×道具製作術2：
華麗進階款
授權：日本ヴォーグ社
定價：550元
21×29.7cm・106頁・彩色＋單色

SEWING縫紉家13
外出＋居家都實穿の
洋裝＆長版上衣
授權：Boutique-sha
定價：350元
21×26cm・80頁・彩色＋單色

SEWING縫紉家14
I LOVE LIBERTY PRINT
英倫風の手作服＆布小物
授權：實業之日本社
定價：380元
22×28cm・104頁・彩色

SEWING縫紉家15
Cosplay超完美製衣術・
COS服的基礎手作
授權：日本ヴォーグ社
定價：480元
21×29.7cm・90頁・彩色＋單色

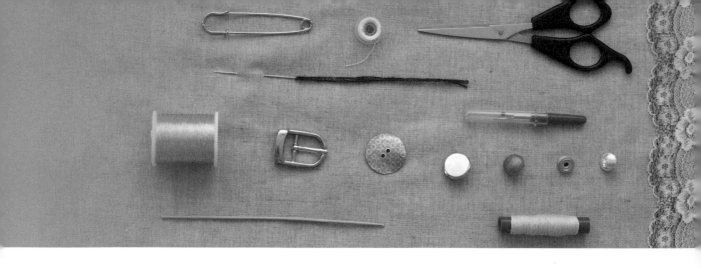

SEWING縫紉家16
自然風女子的日常手作衣著
作者：美濃羽まゆみ
定價：380元
21×26 cm・80頁・彩色

SEWING縫紉家17
無拉鍊設計的一日縫紉：
簡單有型的鬆緊帶褲＆裙
授權：BOUTIQUE-SHA
定價：350元
21×26 cm・80頁・彩色

SEWING縫紉家18
Coser的手作服華麗挑戰：
自己作的COS服×道具
授權：日本Vogue社
定價：480元
21×29.7 cm・104頁・彩色

SEWING縫紉家19
專業裁縫師的紙型修正祕訣
作者：土屋郁子
定價：580元
21×26 cm・152頁・雙色

SEWING縫紉家20
自然簡約派的
大人女子手作服
作者：伊藤みちよ
定價：380元
21×26 cm・80頁・彩色+單色

SEWING縫紉家21
在家自學
縫紉の基礎教科書
作者：伊藤みちよ
定價：450元
19×26 cm・112頁・彩色

SEWING縫紉家22
簡單穿就好看！
大人女子的生活感製衣書
作者：伊藤みちよ
定價：380元
21×26 cm・80頁・彩色

SEWING縫紉家23
自己縫製的大人時尚・
29件簡約俐落手作服
作者：月居良子
定價：380元
21×26 cm・80頁・彩色

SEWING縫紉家24
素材美＆個性美・
穿上就有型的亞麻感手作服
作者：大橋利枝子
定價：420元
19×26cm・96頁・彩色

SEWING縫紉家25
女子裁縫師的日常穿搭
授權：BOUTIQUE-SHA
定價：380元
19×26cm・88頁・彩色

SEWING縫紉家26
Coser手作裁縫師・自己作
Cosplay手作服＆配件
日本VOGUE社◎授權
定價：480元
21×29.7cm・90頁・彩色+單色

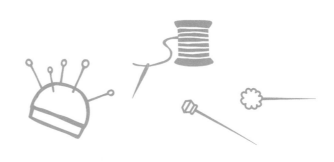

Sewing Lesson